生命と倫理の原理論

――― バイオサイエンスの時代における人間の未来 ―――

檜垣 立哉 編

大阪大学最先端ときめき研究推進事業
大阪大学出版会

緒　言

　本書は、大阪大学における若手研究促進の一環である「最先端ときめき研究推進事業」に採択された「バイオサイエンスの時代における人間の未来」（研究代表者　檜垣立哉）の成果として刊行される年次報告書である。バイオサイエンスを巡るさまざまな問題系を扱うこの研究では、2年目（研究開始が2010年度の後半からなので2011年度は2年目に該当する）は「生命倫理」と「バイオサイエンス」との関係を軸に研究がすすめられた。以降、事業自身が継続されるかぎり、来年度は「身体／テクノロジー」、再来年度は「フェミニズム／環境」を基軸としながら、バイオサイエンスとあらたな生命工学の時代における「人間」の変様を探ることを計画している（資金がつづくかぎり報告書の刊行も継続したい）。

　本叢書はこのような経緯からなりたっているため、上記「大阪大学最先端ときめき研究推進事業」の経費および、檜垣が所属する大阪大学人間科学研究科先端人間科学講座の講座費を、刊行のための助成にあてさせていただいた。

（檜垣立哉）

序にかえて——生命倫理から生権力論へ——

檜垣立哉

はじめに

　生命倫理に対する反省や総括は、本研究の2年目の課題であった。この論考の前半には、生命倫理や生命のエピステモロジー、あるいは生命科学と社会について研究されている方からの寄稿やシンポジウムが採録されている。後半は研究グループの構成員による、個々の研究領域からの、この主題への接近がなされている。
　しかしそれに先だって、生命倫理を総体的に把捉し、生権力論の視点からバイオサイエンスと人間との関わりを押さえることが何を意味するのかについて、まずはまとめておきたい。この問題に関する筆者の視角は明確である。筆者はフーコーの権力論が、生命倫理という場面を決定的に規定し、それを組み替える起爆力をもっていると考える。
　ただ筆者は、この見方がきわめて一面的で偏ったものであることも自覚している。その点は、冒頭に掲載させていただいた加藤尚武氏――日本における生命倫理の実質的な導入者であり、また同時に、英米系功利主義的な生命倫理に対する痛烈な批判も含め、ご自身で生命倫理の思考を遂行されている――による、生命倫理の日本への導入史と、フーコーへの批判（筆者との往復書簡の形態をとっている）を参照されたい。一般的にフランス系の論者が、意図的にか非意図的にか、英米系やドイツ系の論者との共同作業を避け、フランス現代思想のジャーゴンのなかに逃げこみがちであるのは否定できない。ここでの試みは、それに風穴を開けるといったほどおおげさなものではないが、フーコーの議論に外側からの批判をいただき、それをどう受けとめるのかを考えることはきわめて重要なはずである。こうした事態が、国内国外を

問わず遂行されるべきであるし、それ自身はアカデミズムに身を置くものとしての義務でさえあるといえるだろう。

さらにいえば、金森修氏にご寄稿いただいた3・11の原発事故を巡る考察も、もちろん金森氏自身がフーコーを「利用」しつつ、生権力とはいささか異なった方向からとりだされるフーコーの像を適応したものとみなしうるだろう。原発事故以降のこの状況を、生政治ではなくむしろ「死政治」(この言葉自身は、アガンベン系のイタリアの思想家であり、大阪大学でも本企画でご講演いただいたロベルト・エスポジト氏がもちいる言葉でもある)と呼ぶべきだという声もまた大きい。

ともあれ、以上のような「偏り」はいわずもがなとして、しかしここでは、フーコー的な生権力の議論が、生命倫理に対して何をもたらしたのか、あるいはもたらしえないのか、これらをまとめてみたい。そのうえで、現在こうした視角から、バイオサイエンスを論じるときに、ポイントとなることがらをみさだめておきたい。

フランス系から生命倫理が発生しなかったのは何故なのか

その前提となることから述べておこう。そもそもフランス系の思考は、生命倫理に対してきわめて無関心を装ってきたようにおもわれる。この問いはひょっとしたら筆者の誤謬や誤解の産物かもしれない。確かに、フランスの生物学的エピステモロジーの専門家である金森修氏の訳による、その名も『バイオエシックス』(フランソワ・ダゴニェ著、法政大学出版局)という書物はあるが、それも後書きにあるように原題は『生態の統御』という、きわめて生命哲学的なものだ。そもそも香川知晶氏や金森修氏というフランス系の論者が生命倫理を検討するときにも、その題材はほぼ英米系の議論であることが、フランスにおける生命倫理の実情をよく示しているといえるだろう。

とはいえ、堕胎や胎児の身分を巡る思考、生殖テクノロジーの介入による倫理道徳的な問題、脳死や脳死状態の人間についての経済とも深く関連した問いが、先進国のいずれにおいても発生しないとはおもわれない。なおかつフランスは、ベルクソンにせよカンギレム(まさに前述のダゴニェがその系

譜をひきついでいる）にせよ、あるいはジャック・モノーにせよ、生の哲学・生命論のエピステモロジー・生命科学の哲学的思考についてあれほど多くの思想家を輩出した国である。この国において、一級の生命倫理系の議論がなされていないとはどうしたことなのか（ジャン・リュック・ナンシーの心臓移植の議論――『侵入者―いま〈生命〉はどこに？』以文社――があるにせよ、それはあくまでも本人の体験談をもとにしたものである）。

　日本の現状をみても、ヘーゲル学者である加藤尚武氏が生命倫理の導入をひきうけられた経緯を除くとしても、生命倫理学「そのもの」にとりくむ学者は英米系かドイツ系がきわめてめだち、フランス系の論者は、まさに香川氏や金森氏がそうであるように、それに対してメタ的な視点を提示する姿勢が顕著である（cf. 香川知晶『生命倫理の成立―人体実験・臓器移植・治療停止―』勁草書房、金森修『遺伝子改造』勁草書房など）。

　相当大胆な、ある意味ではフランス系に都合のよいことをいおう。生命倫理は、その出自において、生命と技術に関する根源的な思考を展開するものではそもそもないのではないか。そうではなく、その場その場での技術が要求するリスクに応じるための、徹頭徹尾功利性につらぬかれただけのもの、さらにいえば医療従事者の自己弁護の道具としての言説でしかなかったのではないか。もちろんフランスでも実証主義的な流れは19世紀以降根強いものがある。とはいえやはり、フランスにおいて19世紀から20世紀まで支配的であった思考は、生命にまつわる功利性ではなく、生命そのものの存在を巡るものであった。それはスピリチュアリズム的なものの影を秘めてもいる。それゆえに、スピリチュアリズムがそもそも発出してくるキリスト教的な発想も色濃い。そこでは生命倫理が必要とする、功利性や法の制定の議論ではなく、一種の恩寵に近い生そのものに関心が集中する。だからそこでは、生命倫理的な思考はそもそも排除されがちだったのではないか。

　もちろん逆にいえば、これはフランス的思考の明確な弱点でもある。功利主義そのものに対する評価はともかく、功利主義的な発想をもたないと、堕胎や脳死など、どこかで「線びき」を必要とする生命倫理的な実践に対して、きわめて抽象的・理念的なことしか述べられなくなる。法的な場面を重視し

ないと、そこでなされる事態の正当性に関する当否が明確に示せなくなる。フランスにおいて、生命の議論がさかんでありながら、それを基準化したり、制度的な枠組みを形成したりできないことの弱さがめだつかぎり、むしろそれでは状況に即応できないと批判されてもやむをえないともいえる。

　だが、しかしである。この状況は、生命倫理を巡る議論が隘路にはいるときには、ある意味で（まさにニッチに巣くう生き物のように）繁茂する可能性をもちはしないだろうか。生命に関して、その現実的な対応を考えるとき、功利性が重要であることは誰もが認めても、さてその功利性が「誰にとっての」「いかなる意味での」功利性であるのかを考えることは避けがたい。法についても同様であろう。あたらしい事態に対して法を制定し、過剰な技術の適応を防ぐこと（クローンは人間では作成できないとか、受精した胚はいくつまで捨てることが許されるかなど）は確かに人間的な生にとって必要である。だが、技術がまったく想定不能なあたらしさをもたらすとき、功利性や法だけから事態をとらえる発想は、やはり疑念にさらされるのではないか。その外部の視線はつねに必要ではないか。

　一般的にここでとられる措置とは、ある種の社会的コンセンサスをうるというものだろう。それは個人と個人との、医者と患者との、当事者と調停者とのあいだの対話によって合意をうることでもあるし、そこで被害感や疎外感のある当事者に情動的なコントロールをかけることでもあるだろう。また、より公的な意味で、こうしたコンセンサスが法を変え、共同体の意向をすくいとるということもあるだろう。これが、功利性に懐疑的な視線をおりこむひとつの手段であることは否定できない。

　だが、生命の哲学に忠実であったフランス思想は、おそらくこの方向をとることもない。

　では、フランス思想は果たして何を選択したのだろうか。それは正しく生命の存在論に即応した倫理学なのではないか。それがフーコーの生権力論の意義ではないか。

　こんなことをいうと驚かれるかもしれない。というのもフーコーは、歴史社会的な領域での議論を展開し、権力の遍在性を暴いただけの者とみなされ

がちだからだ。そうした視角からすれば、彼が生命の存在論と関わりがあるなどというのは、とんでもないいい方になる。そもそもフーコーにおいて生命とは、『言葉と物』において提示されるように、言語・経済とともに人間の「実在」時代を成立させた存在の一要素にすぎないのではないか。そうである以上、生命というテーマは重要だが、そもそも相対的な一領域でしかないのではないか。

　しかし、フーコーのさまざまに揺れ動く筆致のなかで、生権力論が先鋭的なテーマとなり、それがドゥルーズ゠ガタリ的な議論とも関連する以上、上記のようにとらえてしまうこともやはり一面的である。権力という言葉（pouvoir）が力を意味することからも明確なように、生権力はそもそも生命の「力」でもあるという二義性をそなえている。フーコーの権力論の扱いは、加藤尚武氏の批判にもあるように、確かに権力の汎通性を主張するという偏りを含んではいる。だがフーコーがこの言葉に、そもそも生を構成する力という意義をこめていたことは、やはり注視されるべきだろう。

　ではフーコーは、生命の力として何を考えていたのか。これをとらえるときに、フーコーが生の権力＝力のあり方を、死のなかに廃棄するのではなく、生かしつづけることこそにあると述べたことは、当然ではあるが意義深いようにおもわれる。つまり、生権力とは、生に対する権力であるのだが、「統治性」というテーマや、それを展開した「自己への配慮」という主題にひきつがれるように、本質的には生命への「配慮」であるにほかならないからである。生かすことは、ただ生かすということを意味していない。問題なのは、まさに生かすことが生命にそくした「配慮」であるとともに、この「配慮」が、それ自体としても政治的倫理的な「統治」の技術＝テクネーであるということにある。

　さて、この問題を生命倫理そのものにぶつけてみよう。それは実に奇妙な解釈になるかもしれない。

　フーコーが生権力論で提示していることは、何処にあるのかが特定されるのも不可能な権力が、生ける存在者のあり方を高め、いわばより健康的に、より健全に、より幸福な生を送るためになされる、そうした「配慮」を巡る

事態である。政治は抑圧を武器にしてはいない（これが政治の分野につきつけたフーコーの最大のテーゼであるだろう）。政治権力は、幸福な生とはどういうものかを、まさにテクノロジー的な装置（言説のテクノロジーも含む）によって強要してくるものである。生命をそのあり方にそくして統治すること。これが権力＝力がもつ二義性の内容である。だがそれは、生の統治に関わるかぎり、一面では生について深く探求してきた諸思考を（生の哲学も、生命論的なエピステモロジーも）前提としているし、また人間による生への働きかけの手段であるテクノロジー（科学テクノロジーというよりは、もっと広義のテクノロジー）に関連しないわけにもいかない。そのかぎりで、それは生命倫理のさまざまなテーマと、直接的にではないとしても絡まないはずはない。

　フーコーが論じているのは、紛れもなく生命の倫理である。具体的なテーマをともなわないにしても、そこでとりだされるのは、生命に関わるテクネーの議論の展開以外の何ものでもない。それをダイレクトに生命科学や医学的事象に適用させても、確かに何かがとりだせるものではないかもしれない。だがこれらをきりむすぶ地点はないのだろうか。

　フーコーの議論のポイントが、社会的な権力の作用や、認識の歴史的な構成という側面を、単純な功利主義や、法－倫理的規定にひき寄せられがちであった生命倫理の言説のなかにはいりこませたことにあるというのは確かである。功利主義的な決定も、それ自身は特定の歴史的なコンテクストのなかでの功利性でしかないし、法的なものも、生命的なものから独立して実在するはずもない（それがいかに人間の領域の議論であれ、人間の外部との関連をもたないわけにはいかない）。これらを明確にしたことがフーコーの貢献であることは事実である。だが筆者には、フーコーの議論が導入したさらに重要なものは、生命の実在そのものが、倫理を思考する基盤であることへの、ある斬新な視線変更でもあったようにおもわれる。

　それゆえ、フーコーがそうした表現をとらなくとも、そこで提示されているのは、一種の「生命の存在論」であり、「生命の存在論」に基づいた（あるいは「いのち」があることに根ざした）「倫理の設定」に向かうものとおもわ

れる。このことについて、以下でいくつかの論点を示してみたい。

フーコーがみいだしたもの

　むろん、加藤尚武氏が指摘するように、フーコーの権力批判が、権力論として非常に偏っており、その発想そのものに疑義があるというのも当然のことである。すべては権力だ。確かにフーコーはこのように述べているふしもある。だが、フーコー後期を射程にいれるならば、けっしてフーコーがこうした主張だけをなしていたわけではないことも明らかである。

　フーコーにおいて生命は、本当に権力として提示される位相にあるのだろうか。『性の歴史Ⅰ　知への意志』における生権力論のあり方からしても、それはある種の二重性や捩れのなかにあるとしかいえないのではないか。一面では、フーコーは確かに言説における生命という対象の形成を描いており、そのかぎりで生命の権力への従属は明確である。だが他面で、生権力のもつ重要性は、生命が、むしろ言説形成の抜本的な条件をなしている（ある意味で、言語や経済に比して、突出してそのようなものである）という点にもある。だから権力とは、生命や生体に「対して」発動されるものではなく、生命や生体が「そもそも」権力＝力なのである。

　こう規定してしまうと、やはりフーコーは、すべてが権力であると述べているだけであり、具体的な実践に適応しえない議論だという指摘がかさねてなされるかもしれない。だがそのときに考えるべきは、権力という言葉が「力」でもあるという二重性とその捩れである。人間の世界における力の発動は、一面では自然的でもあるし、他面ではまさに社会的でもある。だがそこでの力－権力とは、生命そのものに依拠した、根源的な力の現れでしかないことも確かではないか。

　生命倫理では、功利主義的な議論でも、法－倫理主義的な議論でも、そしてさらにいえば、コンセンサス的な社会的合意を重視する議論でも、生命とは倫理にとって異物でしかないようにみえる。あるいは倫理を抱えこむ人間が、あくまでも「対象化」される生命をどう扱うのかという構図でしか事態がとらえられていないようにみえる。だがフーコーが、力の関係性において

とりだそうとすることは、むしろまったく逆に、自己の倫理を考える生物としての人間である。権力によって語られていることは、自己自身の生命を自己において配慮することを包括する力のことである。このような関係性総体から、対象としての生命も派生してくるのではないか。これは、あまりに当然のことかもしれない。だがその基層から倫理を論じるべきだということを提示したのがフーコーの議論の最大のポイントではないか。

それゆえ生権力論においてフーコーがとりだしたのは、権力＝力という言葉をたんなる政治的力学として汎通化させることでも、社会構築的な歴史性をみてとることでもなく、あくまでも生命の力＝権力の複合性に、倫理や生そのものをひきもどすことではないだろうか。その場合に、権力はもちろん、一面では政治的な力として現れる。だがそれが、権力の現れ方のすべてではない。身体がそなえるさまざまな力の働きは、それぞれが政治性とダイレクトにかさなるものではないし、そこでの倫理も同様である。もちろんそれらが「政治的でない」「歴史的でない」ということはない。それを認識するのはどこまでいっても人間であり、その歴史的経緯であるのだから。だがここが重要である。生命という実在と、言語やさらには法というかたちでそれにおりかさなるものとは、別物であるがやはりむすびついてもいる。それを踏まえるべきではないか。

フーコーが生権力の議論からとりだしたのは、いわば倫理を語る基盤としての関係性である。人間の認識も生命によってなされる以上、そこでの歴史的蓄積を含んだ認識と、それを可能にする生命の領域は、パラドックスのようにつながりあっている。生命倫理を論じることもまた、生命に関するこのパラドックス性に関与しないことはありえない。

繰り返し述べておくが、確かにフーコーが生権力において論じる内容は、生命倫理そのものとしてはまったく不十分である。そこでは社会衛生と政治や統治との関連、優生学と人種主義、身体そのものへの配慮が主題化され、これらは生命倫理と深く関係してはいる。だが、それぞれの論点について、フーコーが意を尽くして記述したとはとてもおもえない。近年の生命倫理のテーマである、クローン、脳死、臓器移植、遺伝子工学、生殖技術介入とい

った主題が論じられることは、もちろん没年の関係もあり、ほとんどない。だが、社会衛生や優生学というテーマについても、自らの権力論のなかで標識設定のような作業をなしただけであることを顧みれば、フーコーがたとえ80年代以降の生命技術を目の当たりにしていたとしても、それを充分に検討したかはあやしいだろう。さらに述べれば、まさにアガンベンが生権力の議論を（継承しながらも）批判するように、フーコーの主張の中心に、生命の方向からなされる言語や法の分析はほとんどみられない。

しかし、フーコー以降の状況において、こうした議論を、文脈を逸脱させながら展開していくことは不可能ではない。それどころかこうしたことは、フーコーが晩年に身体を軸とした「自己への配慮」という「倫理の原型」ともいえるものを抽出していたことから考えれば不可避でもある。倫理とは、自己の自己への関わりの様式であり、それは近代的な倫理をただ否定するものではない。生命「倫理」がそれに関わらないはずもない。

とはいえ、そのためにはどのような方向づけが必要なのか。フーコーが晩年に「自己のテクノロジー」と語っていたように、そこで根本的に重要なのは、テクネーによって示される生の二義性そのものではないか。生命倫理を考えるときに、人間が自然的な存在としてありながら（それ自身はまったく受動的である）、この自然に対し、ある種の能動性を示しうること、そしてその二義性のはざまで自己が自己に関わるという倫理の基盤が置かれうること、この両者を考える必要があるのではないか。こうした主題は、技術の人類学、技術の存在論、技術の歴史哲学そのものに関わるだろう。生命技術の倫理が突きつけてくる危急の課題をみるならば、このような議論の設定は、あまりに悠長におもえるかもしれない。だがそれは違うとおもう。生命技術の倫理を語るとき、そもそも技術をもった生とは何かを徹底して問い詰めることなくして、議論を先に進めることなどできるのだろうか。それは逆に、本来の実践性を欠くものにしかならないのではないか。

今回の報告書では、フーコーの再検討も含めたこうした広域な問題圏について、いまだ端緒を描いただけである（筆者個人は、『現代思想』連載の「ヴィータ・テクニカ」──2012年3月、青土社より単行本として刊行予定──

において、基本的な議論を進めている）。ここではいわば、それぞれの研究者に、それぞれの立場から、バイオサイエンスと倫理のもつ隘路を示していただき、かつそこで技術がブラックスボックスのなかにはいっていった現状を論じていただいた。とはいえ加藤尚武氏の論考（日本の生命倫理史とフーコー批判）、金森修氏（原発に関する技術と社会）の議論は、上記の檜垣の発想を批判的にではあれ照らすものとして、上記の問いを展開させる契機を与えてくれるものである。筆者もまた、生命倫理から生権力へというスローガンは、特定の事象への暴露的な非難や、ただの総花的な脱近代化的批判ではなく、生命倫理が抱えこむ功利性・法・コミュニケーションをとらえなおすものであるという方向から、とりわけ自己とテクネーの議論を組み替えつつ、フーコーの議論を描きなおすべきと考えている。

　今後の3年間の研究主題に設定した「身体／テクノロジー」「フェミニズム／環境」の議論において、上記の課題を粛々と遂行することが、希望の薄いこの時代において、アカデミズムに身を置くものが果たしうる、幾ばくかの貢献でありうることを願ってやまない。

目　次

緒言

序にかえて——生命倫理から生権力論へ—— ……………… 檜垣立哉　2

Ⅰ　「日本の生命倫理を総括する」（往復書簡）
　………………………………………… 加藤尚武 ⇄ 檜垣立哉　15

Ⅱ　シンポジウム「21世紀における生命と人間」
　1　生命誌のこれから——主客合一に注目して—— ……… 中村桂子　63
　2　生気論とは何であったか ………………………………… 米本昌平　72

Ⅲ　3.11後の生命と社会
　1　〈放射能国家〉の生政治 ………………………………… 金森　修　85

Ⅳ　生命倫理の原理論
　1　バイオサイエンス時代におけるサクセスフルエイジング
　　——身体の健康から、精神の健康へ—— ……………… 権藤恭之　111
　2　因果と自由について ……………………………………… 重田　謙　129
　3　何が「君自身について物語れ」と命じるのか
　　——自伝、伝記、そして生政治—— …………………… 入谷秀一　165
　4　ブレイン・マシン・インターフェースの脳神経倫理
　　——臨床研究の観点からの論考—— …………………… 平田雅之　182
　5　生命、アニミズム、魂への態度 ………………………… 丸田　健　194

あとがき

I
「日本の生命倫理を総括する」
（往復書簡）

加藤尚武 ⇌ 檜垣立哉

　この論考は、以下の加藤尚武氏へのメールでの問いかけから開始された往復書簡からなるものである。次頁のメールは最初のメールの一部である。この段階では加藤氏へのインタビューをと考えたが、加藤氏の方から往復書簡のかたちでおこないたい（つまり、ご自身で文章として書かれるのがよい）との旨を承った。最初のメールからその間の経緯に関する文章は省いた。檜垣の最初の問いかけは、下記に加えて、「生政治の時代にありうべき生命倫理の発展的解消は可能か」という問いを含んだものになっている。

　以下、次のようにつづけられている。
- 檜垣立哉から加藤尚武への最初のメール（一部）
- 加藤尚武から檜垣立哉への第１書簡
- 檜垣立哉から加藤尚武への返信
- 加藤尚武から檜垣立哉への第２書簡
- 檜垣立哉・あとがき
- 加藤尚武・あとがき

檜垣立哉から加藤尚武への最初のメール（一部）

ご無沙汰しております。大阪大学の檜垣です。

お願いがあってメールさせていただきました。

大阪大学では昨年より若手での学内プロジェクトとして「最先端ときめき研究推進事業」というのが発足しておりまして、檜垣はその「バイオサイエンスの時代における人間の未来」という企画の代表者となっております。5年企画のプロジェクトで今年は2年目、「生命倫理の総括と展望」をテーマに掲げて研究を進めております。

…………………

この企画として加藤先生に

- 日本の生命倫理を形成し牽引された方として、そしてエンゲルハートやヨナスなどの翻訳から先生独自の議論にいたるまでも含めて、今後のバイオサイエンスの展開を見据えたお話を伺わせていただく。あるいは加藤先生の視線から日本の生命倫理の特殊性、成果、問題点などをお聞かせいただく。
- そして（われわれの企画にとって非常に大切なことですが）加藤先生が常々檜垣への私信などで強調しておられる「フーコーの生政治の展開とかが大変危うく、日本の生命倫理をダメな方向にもっていくのではないか」とご懸念されている点について、論点をだしていただく。このことは、どうしてもフーコー寄りになってしまうわれわれのあり方に対してそれを相対化していただくことにつながるとともに、逆にその意味をも浮き上がらせる大切なことと考えております。

…………………

加藤尚武から檜垣立哉への第1書簡

檜垣立哉氏から次のような質問をいただいた。

I 「日本の生命倫理を総括する」（往復書簡） 加藤尚武 ⇄ 檜垣立哉

- 1「加藤先生が行われた生命倫理の日本への導入の経緯と／あるいはその問題点をお聞きしたい」
- 2「フーコー・生権力論によってこうした倫理が語られ回収されてしまうことへの加藤先生のご批判をお聞きしたい」
- 3（あるいは上記2点を踏まえてありうべき生命科学のなかでの生命倫理の発展的解消の方向性が示されれば）

1　はじまりのとき

　生命倫理学の日本への導入の経緯について、私はいくつかの報告を書いている[1]。これらの文章で、私は「英米で生命倫理学の著書・論文が大量に刊行されるようになったので、それを日本に紹介したい」という趣旨の書きぶりをしている。その書きぶりの背後には「英米の先端的な思想に乗り遅れたら恥をかくぞ」という脅しが潜んでいる。大学で倫理学を教えている人ならば「生命倫理学ってどういうものですか」と聞かれて、答えられなかったら恥をかく。ジャーナリズムも「最先端の思想」を看板に掲げれば、飛びついてくる。私は日本のアカデミズムとジャーナリズムの軽薄さに便乗しようと思った。

　未来社から『バイオエシックスとは何か』（1986年）を出したときは、「あとがき」にもっと素直に自分の関心を表現している。

　「バイオエシックスには遺伝子操作の倫理綱領が出たころから関心を持ち始めた。医療、食料、エネルギーという三つの問題が、バイオテクノロジーによって解決可能だとしたら人間の未来は、むしろそこから提起されてくる倫理的問題を解決することに懸かってくる。ところが倫理的な問題の方がその深さと広がりの点で、けた外れなのだ。近代の倫理と法思想の全部を総動員しても簡単にはねとばされてしまう。「肉体の不滅」をもたらす技術を倫理的に認めて善いかどうか。この種の問題を処理するカテゴリーが人類の知恵の在庫にはない」（加藤尚武『バイオエシックスとは何か』未来社、1986年、180頁）。

工業の中心が、機械工学、化学工学から、生物工学に移る。

近代思想とその克服という枠組みが破綻する。

伝統思想が破綻する。

私は生命領域の技術化によって、近代思想が破綻すると思ったが、「近代思想が破綻して、伝統的な生命観の復権が果たされる」という見込みは持たなかった。同時にすべての伝統思想が破綻すると思った。「生命は技術的に操作できない」という前提は、伝統思想と近代思想に共通であるからだ。

「有斐閣のPR誌『書斎の窓』に最近の書物の紹介を連載したのが、1984年の5月から翌年の4月までであった」(同181頁)。有斐閣の方では私がドイツの留学から帰ってきたので、ドイツの新思潮を紹介してもらいたいという要望を告げてきたが、私はバイオエシックスを中心に英米の思想を紹介するという企画を伝えて納得してもらった。

「軽い随筆としては好評であったが、新しい学問の紹介だと受け取ってくれた読者は少なかった。"英米思想の最新動向です"と鳴りもの入りで、こわもてに紹介しないと注目してはもらえないのかと、やや淋しい思いもした。未來社の小箕俊介さんなら分かってくれるだろうとコピーをお渡ししたら、一冊の本にして下さるという」(同181頁)。

1972 (昭和47) 年10月、東北大学文学部助教授に山形大学から配置換。

1982 (昭和57) 年4月、千葉大学文学部教授 (哲学・倫理学担当) に昇任。

1994 (平成6) 年4月、京都大学文学部教授に配置換。

千葉大学に転勤するときに、千葉大学の哲学研究室主任中村秀吉教授に「最初の1年間私費留学をする」という条件を認めてもらった。1982 (昭和57) 年4月から1983 (昭和58) 年3月まで、ドイツに私費留学した。

留学の目的は二つあった。一つはヘーゲルの『論理学』の読解の仕方をつかんでくること、もう一つは生命観の革命に対応する思想的な対処を調べてくることであった。その二つとも、目的は果たせなかった。ヘーゲルの『論理学』の読解は、ドイツの一流の研究者たち (ヘンリッヒやフルダ) の研究会に参加させてもらったが、彼らにとってもヘーゲルのテキストは謎であって、「日本人には謎めいているがドイツの専門家なら八割方は解読できる」と

いうようなものではなかった。私は、ドイツの論理学研究には期待しないで、ヘーゲル研究の資料をコピーして持ち帰ることにした。

新しい生命観の哲学の兆候はドイツにはまったく現れていなかった。ブブナー（Rüdiger Bubner 1941-2007）の著作にごくわずかの言及があるという程度であったが、ミュンヘンで出会ったハンス・ヨナス（Hans Jonas 1903-1993）は、深い根をもつ思想家だった。後に私が彼の主著『責任という原理』（東信堂，2000年）の翻訳を手がけるというはめになった。彼の生命に関する著作の大半は英語で書かれており、私は彼がミュンヘンに「里帰り」したときに出会った。

「1982-83年の冬学期にミュンヘンに里帰りしたヨナスの集中ゼミに私は参加した。実存主義を下敷きにした時間性概念とカント流の先験性との結びつきについて質問しようと思っていた。参加したのは法学や社会学の学生で哲学上の質問はほとんど出なかった。自然を守るために不要の電灯を消そうと提案した学生がいて、一列の電灯が消された。老哲学者は、自国語で自己の思想を語る喜びをかみしめているようであった。ただひたすら語ることを楽しむかのように、学生の素朴な問いに、同じく素朴な答えを返していた。休憩時間になるとやおらポケットをさがし回り、「あった、あった」とチョコレートを取り出して食べた。私は、用意した質問には、私自身が答えを出さねばならぬと考えた」（加藤尚武『バイオエシックスとは何か』未来社、1986年、96頁）。

私はヨナスのカント批判は、方法論的にもっと洗練されたものに作り替えなければならないと思っていた。しかし、ヨナスに会ってみて、方法論よりももっと大きなものをとらえなければならないと感じたのだ。

日本に帰ると「ドイツの最新の思想傾向は何ですか」という質問ぜめにあった。きっと私が「ハバーマスはもうダメですね。これからはヨナスやブブナーでしょう」などと言えば、それを聞いた人は100倍にも1,000倍にも増やして受け売りをするに違いない。相手の失望を承知の上で私は「お土産はありません」と答えた。

本来ならば帰朝報告になるはずの有斐閣の『書斎の窓』の連載を、神保町

の洋書屋で買った本の紹介で埋めることになった。

　飯田亘之氏と千葉大学の廊下で会って、「教養部総合科目」の企画について相談したのは、有斐閣の連載が続いている頃ではなかったかと思う。飯田氏は「教養部総合科目の企画を作らなくてはならないが、何かいいテーマはないかなあ」と廊下の真ん中で私を捕まえて言った。「バイオエシックスがいいよ」と私は答えた。それを聞くと飯田氏は上智大学の図書館へ通って、図書を借りだして、「紹介に値するもの」のコピーを作った。コピーの山はみるみる大きくなっていって、私が有斐閣の連載で紹介した書籍の数倍になってしまった。

　東大の大学院生にそのコピーを渡して「内容紹介のレポート」を書いてもらって、千葉大学の1日だけの非常勤講師を務める等々の「総合科目」の具体像ができるまでには、同僚の坂井昭宏氏の学内政治の腕をふるっての活躍があった。彼が学内のさまざまな機関との折り合いをつけてきた。「1日でも大学の講師を務めれば、1年間奨学金の返済を免除される」という制度など（現在はない）を使った企画だった。

　「インフォームド・コンセント」を何と訳すかなど、飯田氏とは「蘭学事始」と同じような苦労を味わった。大学院を卒業して既にポストをもっている研究者なのに語学力がなくて、「内容紹介のレポート」が支離滅裂であるものを、加筆して修復するという作業を私は引き受けなければならなかった。そのご当人の結婚式に出ると「かがやくほどの秀才ぶり」が何度も語られて、式場で「異議あり」と手を挙げたくなるのを我慢するというエピソードもあった。

　日本文化会議という田中美知太郎氏が創立した研究者の集まりがあり、その席で私はバイオエシックスと環境倫理の話をした。会場にいた『諸君』の斉藤禎編集長（当時）から、原稿の執筆依頼を受けた。「いま、バイオエシックスは」（1986年7月号『諸君』）という記事はかなり「バイオエシックス」という言葉を普及させるのに役立った。「同じ内容でもいいからバイオエシックスの紹介を書いてください」という執筆依頼が、いくつかあった[2]。

　『諸君』の原稿は、私の東北大学時代の教え子には不評だったようだ。あの

I 「日本の生命倫理を総括する」（往復書簡）　加藤尚武 ⇄ 檜垣立哉

純粋なヘーゲル研究の先駆者が、こともあろうに英米の新規で低劣な学説の紹介者に成り下がってしまった。「先生はご乱心。先生をいさめてアカデミズムの王道に戻さねばならぬ」という触れが回って、やがては教え子代表が私を諫めに訪ねて来そうな気配だった。

2　一人二役

　日本のアカデミズムとジャーナリズムを相手に仕事をする限り、「世界最先端の学説を教えてあげる」というポーズを採ることが、最善である。私が「これがバイオエシックスだ」と言ったら、絶対にだれもそれを吟味したり、調べたりはしない。初めから自分は知っていたという顔つきをして、実は受け売りをする。ドイツに旅行するたびに「これが現象学の最前線だ」という土産話を作っては売り込んでいる人もいた。

　私も「最新ピカピカの哲学商品・バイオエシックス」を売り出したので、私の思想も同じだと多くの人は思っていただろう。しかし、自分が紹介した学説でも、たたきつぶしてしまいたくなるものもある。

　私が、最悪だと思ったのは、人工妊娠中絶を正当化するための「人格理論」（person theory）である。さまざまな「人格理論」のなかの一例を示せば、「生存権の根拠となる人格性は、自己表現を行う能力を備えていなければならない。生後数ヶ月して、カタコトなどを話すような発達段階になって、はじめて生存権が発生する。故に、人口妊娠中絶も、新生児殺害も正当である」という理論である。

　それではあまりにもひどいというので「新生児は人格と見なす」、「ぼけ老人も人格と見なす」という人格の拡張部分を作って、「自然的人格＋社会的人格が生存権をもつ」というエンゲルハート理論が作られているが、これもひどい。

　スポック博士の育児書の古い版を読むと、新生児の神経細胞は貧弱でほとんど「植物的」である、出生後の経験を通じて「見ること」等の知覚能力が発達すると書いてある。いわば新生児・乳児無能説とでもいうような学説が、

発達心理学で勢力をふるっていた。日本にもその輸入版があり「最新の発達心理学にもとづく育児」の本に新生児・乳児無能説が書いてあった。自分の子どもが色を識別して「緑」に対して正確に「ミ」と発音するという経験から、「最新の育児書」は信用できないという判断を私はもっていた。

　私は、「方法としての人格」(『看護セレクト』25巻、メディカルアート出版研、1989年2月28日、21-37頁)で、殺人の弁明のための便宜主義的な「人格理論」を批判した。

　バイオエシックスのなかには、「自己は身体を所有する、自己の所有に対しては自己決定権が成立する、したがって自己の生命に対しても自己決定権が成立する。その自己の所有が胎児であるとき、その胎児への自己決定権が成立している。その胎児の生存権を守ることは母の不完全義務であるが、完全義務ではない」という人工妊娠中絶論もある。私は「所有に対する自己決定権は絶対的である」という原理を「うさん臭い」と思う。

　「人格は身体を所有する」という概念枠は、「私は自分の爪を切る」(自分の身体の一部を管理する・ケアする)というモデルを、身体全体に拡張したものである。この「人格」は身体を離れて存在する、「離存実体」である。

　「われわれのコミュニケーションのなかでは、あたかも離存実体であるかのような概念が使われるが、それはコミュニケーションが成功しているという事態に対応していて、離存実体が存在する事の証明にはならない」というプラグマティズムの主張もありうる。

　「他人から見たとき私の存在とは、私自身の所有である」という自と他・存在と所有の交差理論とでも言うべきものもありえる。私は、交差理論をヘーゲルから学んだと思っている[3]。「所有と自己決定」という概念枠を、最終的な存在論的枠組みとして使うことには、疑問を抱いている。「私の生命は私のものだ」という気持ちよりも、「私の生命は私の〈授かりもの〉」という気持ちの方が、いいのではないか。

　自分の胎児の生命も〈授かりもの〉である。

　「人工妊娠中絶に賛成するアメリカでのもっとも標準的な意見は〈自立的生存能力をもつ以前の胎児は母親の身体の一部である〉という考えである。胎

児は母親のものだから、母親に処分権があるというわけである。ここにも〈胎児は所有物、所有権は処分権、ゆえに母親は胎児の処分権をもつ〉という所有の哲学がある。所有する主体は人格であり、所有の対象は物件である。

　私は疑う。胎児はある時までは物件で突然に人格になるのだろうか。赤ちゃんは確かに〈親のもの〉ではあるけれども、〈親が勝手に処分してよいもの〉ではない。私の身体にしたって、確かに〈私のもの〉ではあるが〈私が勝手に処分してよいもの〉ではない。所有権＝処分権がいうアメリカ式の考えには重大な落とし穴がある。

　日本には〈こどもは授かりもの〉という考え方がある。同じような〈神様から与えられたもの〉という考え方は、キリスト教文化のなかにもある。〈授かりもの〉は、〈預かりもの〉とはちがうのである。〈預かりもの〉は、自分のものにはならないが、〈授かりもの〉は、自分のものである。自分のものであっても、自分かってに処分してはいけない。まるで〈預かりもの〉のように大事にしなければいけないものという意味であろう。すなわち所有権＝処分権という考えが、〈授かりもの〉には適用できない」（加藤尚武『二十一世紀のエチカ』未来社、1993年）。

　私は人工妊娠中絶をすべて禁止せよとは主張しない。しかし、まったく制限なしで人工妊娠中絶が認められることが好ましい社会だという意見には反対である。人工妊娠中絶を妥当な限度内に収斂させるような文化・社会習慣が育つことを期待している。

3　「権力の手先」「御用学者」

　柴谷篤弘氏から「ヘーゲルの哲学はゲーテの自然研究とは無関係だという説を聞いたが本当ですか」という手紙をもらって「ちがいます」と私が返事を出したことから、面識を得るようになった。柴谷氏は私がバイオエシックスの紹介をしていることに対して「貴方のしていることは結局は権力に奉仕することになるのです」と公式マルクス主義に近いことを私に告げた。私はムキになって反論はしないで「さあ、どうでしょうか」というような曖昧な

返事をした。

　市野川容孝氏が「生命倫理学批判の研究会を開きますから来て下さい」というので参加したら「生命倫理学者は御用学者だ」という「研究発表」を聞かされて、市野川氏が「どう思いますか」というので、「哲学者は、いつまでも辺境の地でへそを曲げてばかりいないで、〈御用学者〉と非難されるようになりたいと思っていたのです」と私が答えたので、その場は爆笑になった。

　その研究会の本当の狙いは、「生命倫理学という新しい社会現象を扱う学問は、社会学であるべきであって、それを倫理学ごときに奪われる結果になったのは、社会学会を古手の権威者が支配して来たためだ」という花火を上げることだったのかなと私は思った。

　霞が関に権力が存在するのだとしたら、私は多分、「外様」である。「札付きの過激な体制批判派や、元官僚の肩書きのある自他共に許す御用学者は排除するが、適当な距離を置いているソフト批判派を混合することで、委員会の公正を演出することができる」という用途で雇われていたらしい。

　もっとも永く任期を務めたのは生殖補助医療の審議会で、二度にわたって報告書を作成した[4]。

　さまざまな審議会で委員を務めた[5]が、ある審議会では毎年「たばこ規制問題」が取り上げられ、たばこの健康被害は重大だが、過激な規制策は採らず、ソフトに対処するという方針が出されていた。同じ審議会では「メタボリック・シンドローム対策を大規模に展開する」という方針が採択され、そのための「標語」などが決定された。官僚が舞台裏でお膳立てした方向付けに、無難な程度の修正を加えて、それを正当化するのが審議会の社会的機能であるように見えた。

　審議会には、さまざまの領域の専門家が集まってくる。生殖補助医療の審議会では、産婦人科医、小児科医、民法学者、障害児の親などに、生命倫理学者が加わっている。主催者である官庁の側からは、さまざまな資料がコピーして提出されるが、入手困難で信頼度の高い資料が多い。

　地震対策・原子力を含む安全問題、遺伝子治療の認可、異種移植の安全基

準、受精卵の実験的使用の基準など、科学・技術との接点に関する委員会が多かったが、情報倫理、人文・社会科学の振興策、科研費の審査など「権力」への奉仕活動は多彩であった。

　何が権力であるのか。「権力とは、すべて強制権の不当な拡張である」というアナーキズムの主張に対して、他者危害防止が権力の正当な行使であると答えるのが自由主義の定石である。「公共的な機関はその強制権を、本来、個人の行動が他者危害の可能性のある場合に限って行使することができる」(他者危害原則)というのが、ミルの自由主義である。

　ミルの自由主義では、麻薬の禁止ができない。そこで「自己危害について、それが極度に有害で、当人の自由意志を破壊するほどに大きい場合には、当人の意志に反しても、客観的に当人の利益になる限りで公共機関が個人の行為に介入することができる」というパターナリズム条項が必要だという意見が有力である。つまり、他者危害防止だけが権力を正当化する唯一の理由であるというミル流の自由主義と、条件つきで自己危害を禁止するというパターナリズムの混合で、現代の自由主義は維持されている。

　たとえば「人工妊娠中絶を正当化する法案」を国会が議決するとしよう。ある女性が、医師の手をかりて人工妊娠中絶をすれば、胎児の生命を奪う。しかし、胎児が母胎の一部であり独立した人格ではないとすれば、胎児の殺害は他者危害ではなく自己危害である。それが麻薬の使用のような「使用者の人格の破壊」、「著しい社会的損失」を招かないことが明らかになれば、「人工妊娠中絶を正当化する法案」が成立するだろう。

　この法律は、誰かに人工妊娠中絶を強要することを認めていない。宗教上の理由で人工妊娠中絶を自らはしないという信条の持ち主は、自分に人工妊娠中絶が強要されない以上は、この法律によって自分の権利が侵害されるとは考えない。またその人は「人工妊娠中絶をしないという自分の宗教上の信念が、法律、警察機構などによって他人に強制されることを、自分の宗教上の信条に反する」と考える。するとその人は、自分では人工妊娠中絶をしないという信念をもち、同時にその信念を他人に強制することを拒むので、「人工妊娠中絶を禁止する」法律には反対する。これはピエール・ベール (Pierre

Bayle 1647-1706)の「寛容論」に示されている思想的態度である。
　私は、エンゲルハート（Hugo Tristram Engelhardt, Jr. 1941-）[6]が、このピエール・ベールの「寛容論」を見事に態度で示していると思った。
　日本の仏教の復活を期待する人々は、ピエール・ベールの「寛容論」が分っていない。彼らは臓器移植にも、生殖補助医療にも反対であるが、できることなら「それらを法律で禁止してもらいたい」と腹の底では思っている。「他人の臓器を自分に縫い付けて生き延びようとするんは、浅ましい」、「子どもがデケンかったら、あきらめたらええんや」というのがホンネである。彼らは、「他人の臓器を使ってまで延命を図ることは仏教に反する」、「不妊であったらあきらめることが、仏教徒の生き方である」と信者を説得する能力が自分にないことを知っている。
　「寛容論」を否定する人々と、私はひそかに闘っている。彼らは自分のホンネを示さない。彼らの振るまいが、「寛容論」を否定する人であることを示している。カトリックの人々も、もしかしたらピエール・ベールの「寛容論」を、今でも否定しているのではないかと、私は疑っている。
　ファインバーク（Joel Feinberg 1926-2004）やノジック（Robert Nozick 1938-2002）は、ジョン・スチュアート・ミルの「他者危害原則」が自由主義の不可欠の原則であることを語っているが、しかし「他者危害原則」はスキだらけである。この原理だけでは、社会を維持できない。たとえば「パターナリズム原則」を、その条件を厳密に定めることなしに採用せざるをえない。ピエール・ベール的「寛容」は、自由主義の「最低限度、これだけは守らなくてはならない」最小限のモラルである。
　私の考えているバイオエシックスは、日本人が自由主義を修得する訓練の場である。ところが、この自由主義のプラクティスにたいして「権力の御用学者」などと非難する人々がいる。

4　フーコー・生権力論

　ポスト・マルクス問題とは、マルクス主義に代わるような構造的な社会批

判、「資本主義」、「技術社会」、「近代」に対置されるような社会理想が可能であるかという問題である。ここには、さらに一般的な問題として、権力批判・体制批判はどのようにして可能かという問題が背景にある。自分が現にその社会の一部分として生きている、その社会を「一つの全体」として、対象化して認識し、その社会の構造的な欠点を指摘し、その克服の可能性を明らかにする枠組みを、マルクス主義はたしかに示していた。

マルクスの犯した過ちのなかで、もっとも重大なものは、所有を一定の「上部構造」の中での所有としてしかとらえていなかったことである。「所有は存在である、存在は所有である」という所有の根源性を無視した。マルクス主義者は、人間は根源的に共同的存在であるが故に私的所有の支配である資本主義体制は、人間存在を否定し、抑圧するという枠組みを作ったと言う。「共同所有の社会形態を作れば、人間は私的所有に固有の欲望を内在的に否定し、その共同性にふさわしい所有意識を発展させる」とマルクスは考えた。しかし、現実の革命は「土地が欲しい」という農民の願望を満たすことからはじまった。その土地を革命政府は直ちに農民から取り上げて共同化するという政策を採ったために、革命政府は農民の怨嗟を買わざるをえなかった。

マルクスの犯した過ちのなかで、次に重要なものは一国モデルの世界化である。彼は一国モデルの中に、資本家と労働者の支配・被支配という階級社会モデルをつくり、万国が同じ二層構造になったときに、「万国の労働者」が立ち上がり、資本家と労働者の支配・被支配関係を逆転させるという世界同時革命の構想を、「共産党宣言」で描き出していた。しかし、そのときすでにヨーロッパとアメリカの構造的落差は大きく、「万国が同時に同じ二層構造になる」見込みは成り立っていなかった。そしてレーニンの革命が「一国社会主義」として成立したが、それははるかに大きな勢力をもつ帝国主義諸国に包囲されており、「鉄のカーテン」、「東西冷戦」という世界状況を生み出して、「ベルリンの壁」の崩壊という形で、社会主義そのものの崩壊を招いた。

マルクスのいなくなった思想世界で、アドルノ（Theodor W. Adorno 1903-1969）、ハバーマス（Jürgen Habermas 1929-）、フーコー（Michel Foucault 1926-1984）、レヴィ・ストロース（Claude Lévi-Strauss 1908-2009）、サイード

（Edward Wadie Said 1935-2003）など、「批判的思想家」が廃墟の原の中の倒壊を免れた例外的建造物のように、相互にまったく無関係に佇立する光景となった。ドゥルーズ（Gilles Deleuze 1925-1995）、アガンベン（Giorgio Aganben 1942-）、ネグリ（Antonio Negri 1933-）も、フーコー以後の思想家であるが、それぞれ異なる根によって生きている思想家で、現代のフロイド、現代のヘーゲル、現代のレーニンというニックネームを付けてみれば、それぞれの準拠点がわかる。

　フーコーの思想はすでに自滅していて、彼は自分から「批判」の舞台をおりた人間でありながら、フーコーの言葉に接ぎ木・副え木をして「新しい批判理論」に仕立てようとする、無意味な試みが続けられている。

　2011年、私は御本『生権力論の現在』（勁草書房，2011年）を送ってくださった檜垣立哉氏に次のような礼状を書いた。
　「権力性への批判の典型は、「権力が普遍意志を僭称する特殊的な意志である」という批判です。「国家はブルジョワジーのための暴力装置である」というレーニンの基本的なコンセプトに関しては、ルソーに従っています。「普遍意志」の代わりに「最大多数の最大幸福」を代入してもこのコンセプトは成り立ちます。
　このコンセプトは、「普遍意志の支配は正当である」という前提をもっています。権力は理性の支配の外在化であり、支配する階級と支配される階級の関係は、個人の内面における理性と感性の関係とイソモルフであるというプラトン説を下敷きにしています。
　これに対して、フーコーとアドルノの権力批判は、「権力は普遍意志であるがゆえに特殊的な意志を抑圧する」というコンセプトを示しています。精神医学では、「正常か異常かの決定は正常者が行う」のは当然であると見なされていますが、これは同性愛者からみれば権力性に他ならないわけです。「理性的であるか否かの決定は理性が行う」、「普遍的であるか否かの決定は普遍的コンセプトに従って行う」というダブルバインドが、理性と普遍性の正体であるという告発は有効であったと思います。

I 「日本の生命倫理を総括する」(往復書簡) 加藤尚武 ⇄ 檜垣立哉

　この問題を、ミルは『代議制政治』(1861) で「少数者の権利の尊重」という形で扱いましたが、「多数決が構造的に少数者への抑圧になる」という理論問題には触れないで、「多数派の横暴」への訓戒程度の扱いしかしませんでした。しかし、「民主主義社会」(代議制政治) で、寛容律、同意律、他者危害律などの補助定理が、多数者の権力性を抑制する効果をもつことは確かなようです。
　「生権力論」は、この「民主主義は少数者への抑圧体制である」というレベルの権力批判なのか、寛容律、同意律、他者危害律などの補助定理で緩和された民主主義に対して原理的な批判を用意するものであるのか。権力批判の基本的なコンセプトを明示する社会的な義務があります。ムード的アナーキズムによる曖昧な権力性批判であるなら無視してもいいわけです。
　フーコーの生権力論があいまいだといいながら、あたかも権力批判としては有効であるかのような態度をとることは、フーコーに白紙委任状を与えるに等しいことです。そして、生権力論の筆者たちは、「みんなでそろってフーコーに白紙委任状を与えましょう」という政治運動を行っているのと同じ事をしています。権力批判の基本的コンセプトの不在は、致命的だという印象を、今回いただいた御本からもぬぐい去ることはできませんでした」。(2月11日)

　この手紙の背景を説明すれば、「革命か反抗か」というサルトル対カミュ論争に遡らなくてはならない。革命家というのは、現在の権力を批判する権力の予備軍である。彼の自己主張は「俺が本当の権力だ。お前は違う」ということだ。革命家は王位篡奪者の末裔である。スターリンは、イワン雷帝の継承者である。革命家の権力批判は、権力嫉妬にすぎない。永久に権力に反抗するということは、永久に権力を否定することであって、反抗は革命の「水割り」ではない。それがサルトルには分っていないというよりは、資本主義的な正当性に代わって社会主義的な正当性を主張すれば、必然的にサルトルは革命家の道に陥るよりほかにない。
　「批判」とは普遍化可能性の奪い合いにすぎない。「俺が本当の普遍意志だ」

というルソーの文脈をマルクスは外れてはいない。ハバーマスも同様だろう。

　普遍化そのものを拒否するユダヤ教的な否定神学の無神論ヴァージョンを、アドルノは貫いているように見える。批判が、権力嫉妬・権力志向に終わらないためには、否定神学が必要なのだ。

　フーコーの批判は、反抗であるべきなのに革命であるような顔をしたので、自滅してしまった。フーコーの面白さはフーコーを離れた所から引き出すことができる。

　「フーコーがその周りを回り続けながら、それをポジティブには語り出さなかった権力概念を、私は「正常者と異常者の区別は正常者が行う」と表現できると思う。精神病院に行けば、医師は患者の正常と異常を区別し、異常者を正常者とは別の場所に監禁する。区別することと異常者を囲い込むことが正常者（すなわち理性）の主要な仕事である。それ以外に異常者を発見するための検査機関、監禁者を管理するためのさまざまな仕組み、異常者の発生を予防するための訓練などなどが、理性の仕事になる。理性の仕事がどれほど多様でも、その本質的な仕事は識別することであり、識別したものを別の場所に置くことである。

　理性は理性であることによって、理性と非理性（狂気）とを識別する権限をもっている。もしも理性を法廷にたとえるなら、理性は第1審の判決を下すとき、第2審の権利を同時に行使している」（加藤尚武『20世紀の思想』PHP新書、1997年、144頁）。

　私の「フーコー解釈」は、「フーコーのテキストの解釈」ではない。フーコーのテキストの外にある見えない回転軸の解釈である。それは「理性と非理性のダブルバインド」と呼んでもいい。

　「いま同性愛が正常か異常かが論議されるとしよう。〈正常者と異常者の区別は正常者が行う〉という原則にしたがって、〈正常者と異常者の区別は非同性愛者が行う〉という原則が立てられたとしよう。これは同性愛者からみればまったく権力的であり、一方的な押しつけということになる。しかし、〈正常者と異常者の区別は正常者が行う〉という原則が権力的だとは誰も気付かない。大学では、学問的にみて正常か異常かの識別は学問的にみて正常な教

授によって行われる。これによって学問的な異端者は排除される。カトリック教会では誰を枢機卿にするかを枢機卿会議が決定する。だれが芸術院会員になるかを芸術院会員が決定する」（同145頁）。

　上に引用した檜垣氏あての手紙で「同意律」と書いたのは、「いかなるリスクもそれを被るひとの同意なしに被らせてはならない」という原則のことである。
　「少数者の権利の尊重」に関する問題としては、私は「遺伝子治療」、「提供された精子を使って出生した子どもの父親を知る権利」、遺伝的障害を持つ人々の事例（ほとんどすべての重篤な遺伝障害は少数者に起る）などに関与して来た。
　「提供された精子を使って出生した子どもの父親を知る権利」については、厚生労働省の委員会で報告を書く義務を負わされる段階に達しなかったが、フーコーの視点を意識することは、「少数者問題」では、つねに有益である。

5　先例のない事例　unprecedented cases

　生命に関するアナーキズムが、もしも言葉で表現されるなら、次のようになるのではないか。――生命体は、最高の自律的自己調整機能をもっている。人為的な操作が、その自然の自己調整機能に介入しても、局部的・一時的に「よい成果」を見せても、長期的・全体的には失敗する。「自然はつねに〈我らが偉大なる、力ある母なる自然〉であり、もろもろの被造物を生み出すものであり、完全であり、真実であり、美しく豊かである。それにひきかえ人間の手になり、人間がつくり出した〈わざ〉（art）は手がこんでいるほど自然からかけはなれたものになっていく」（三宅中子『習慣と懐疑』南窓社、1985年、113頁）とモンテーニュなら言ったかもしれない。ルソーの「万物をつくるものの手をはなれるときすべては良いものであるが、人間の手にうつるとすべては悪くなる」（『エミール』今野一雄訳、岩波文庫、上23頁）という言葉も、モンテーニュの復唱のように聞こえる。

外科、内科を問わずすべての医療行為は、生命体の自律的自己調整機能の失敗した模倣であり、究極の治癒は、自然自身によってもたらされる。人間の自由は、この自然の合目的性に近づこうとするとき根源性を発揮し、そこから離れるとき破壊的になる。

　レオポルド「野生の歌が聞こえる」（新島義昭訳、講談社学術文庫、349頁）「あるものは、生物共同体の統合、安定、美を保つ傾向にあるならば正しい。反対の傾向にあれば間違っている」（A thing is right when it tends to reserve the integrity, stability, and beauty of the biotic community. It is wrong when it tends otherwise. — Aldo Leopold, A Sand Country Almanac, Oxford Paperbacks 1949、224頁）は根源的な自然主義の現代版である。「正しい」（right）と「間違っている」（wrong）という基準は、生態系への貢献度で決まるという主張である。

　人工の医療、科学、制度は、すべて自然の生命の根源的な力を、機械論的に歪曲することによって、根源的な自由を否定する。

　人間の誤った自然支配が人間自身を射程にいれたときに、国家・権力が発生する。権力は、人間の自由な営みを監視し、管理する。反対に、すべての法律と公共財が不要であるとすれば、『ガルガンチュア物語』が夢想する「汝の欲するところをなせ」の世界が現出するだろう。これがアナーキズムの主張である。これに対して「法の支配」が対置される。

　法律が存在し、「法の支配」という理念が実現することをわれわれが望むとするなら、「すべての行為はそれが為される以前に、違法であるか違法でないかが、誰にとっても明らかになるのでなければならない」という原則が必要である。これを「法律の事前告知の原則」と呼んでおこう。罪刑法定主義は、さらにそれを具体化したものである。「法律の事前告知の原則」が満たされないなら、われわれは自発的に法を遵守しようとする姿勢をとることができない。

　日本では、ある場合には「法律の事前告知の原則」は守られない。ヌード写真、春画の複製刊行は、いつのまにか「ヘアがみえてもいい」という基準に変更され、それはどこからも告知されない。出版業者が警視庁の出方を、

おそるおそるうかがって、「出してみたらおとがめがなかった」という実績を積み重ねてきているが、いつ原則が変更されるかは分らない。

　末期状態の患者の生命維持装置を外すことが、殺人罪になるかならないかに関しても、「法律の事前告知の原則」が満たされない。2006 年 3 月富山県射水市民病院長が、2000 年から 2005 年にかけて外科部長が患者の人工呼吸器を外した結果 7 人の患者が死亡したと発表した。富山県警は医師 2 名を富山地検に書類送検したが、2009 年 12 月不起訴処分になった。北海道立羽幌病院や和歌山県立医大付属病院紀北分院でもあったが、いずれも容疑不十分で不起訴処分になり、「人工呼吸器を外してみたらおとがめがなかった」という相場が確定するのではないかと言われている。

　フーコーの立場にたったとき、末期患者の人工呼吸器を外すことが、殺人であるかないかについて、「検察庁の出方次第で不確定」という状態と「法律の条文、行政機関の通達などで事前に告知」という状態を比較してどちらを良いと判断するのだろうか。それはどちらも権力の形態が違っているだけで、その差異は存在しないと言うのだろうか。

　技術開発が行われて、従来では人間にとって不可能であると言われた行為が可能になると、法律的な評価の空白領域が発生する。クローン人間の出生については、実例が発生する以前に禁止するという趣旨の法律が作られた。夫婦が妻以外の女性の卵子と夫の精子によって子どもを産んだとき、その子は実子であるかという問題については、答えがない。

　法律と公共財が存在するという社会では、新しい技術が「前例のない事例」を作り出したとき、「法律の事前告知の原則」を満たすための社会的営為が必要になる。法律と公共財をすべて、その逸脱形態と正常な形態を区別しないで、「権力」と呼び、「法律の事前告知の原則」を満たすための社会的営為がバイオエシックスと呼ばれるのであれば、バイオエシックスを権力の行為の一部と見なすことは定義上正しい。その場合「権力」とは「公共的決定」とほぼ同義になる。法律と公共財を必要と見なすのかどうかについて態度を明確に示すことなく、「権力」への曖昧な批判的気分をまき散らすことが、フーコーの「生権力」論という形で行われている。

私のフーコー論は要約すると次のようになる。

1、フーコーの「権力論」には、権力が何であるかの限定がない。アダム・スミスが必要と認めた公共性の三機能、安全維持、法秩序、公共財（郵便・水道・学校など）を認めるのか認めないのか。権力は「正義のための力であり、正義とは普遍的意志・普遍化可能性である」という原則を認めるのか、フーコーはまったく明らかにしていない。同性愛者としてさまざまな心理的社会的迫害を受けた被害感情を背景に「権力」という不安の対象を構成している。

2、生命倫理学・応用倫理学は、「先例のない事例」に対して、「法律の事前告知の原則」を実現するための必要な社会的営為である。「法の支配」そのものを否定する意図を、フーコーが持つならば、このような営為は「法の支配」そのものであるとして否定するだろう。

3、フーコーの思想の有効性は「正常と異常の区別は正常者が行う」というダブルバインド構造の周辺を描写したことであるが、フーコー自身は自己の思想の核心を認識していない。フーコーの批判性はすでに自滅しており、フーコー・生権力論がこうした生命に関する倫理領域をカバーし、既成の学説を収攬・回収することはありえない。

6　生物科学と生命倫理学

生命の科学が発展し、あらゆる生命体に対する技術的操作が多様化し、発展していくとき、人間存在そのもののあり方が、生命への技術開発によって支配され、その技術の方向付けにしたがって、人間のすべての文化の方向付けが決定されるという可能性が存在するかどうか。これを「技術的自然主義」の問題と呼んでおこう。技術的自然主義は、次のテーゼから成り立つ。

1、存在が当為を決定する
2、技術は存在を変容させる。
3、技術によって変容された存在が当為を決定する。

まず「プラトン主義的反自然主義」という立場がある。プラトン主義では

I 「日本の生命倫理を総括する」(往復書簡)　加藤尚武 ⇌ 檜垣立哉

　人間は本来、自然的な存在、すなわち身体に還元することはできない。人間の精神は本来的に身体のない純粋霊を分有しているので、感覚など身体に拘束される側面のほかに、外部から入力される情報に依存しない永遠の真理の受容体でもあり、天上の音楽を聴くこともできる。幾何学や数学のアプリオリの真理を理解することができる。自分の欲望とはまったく独立に、「正義とはなにか」を人間は意識することができる。人間は感性界と英知界という二つの世界に帰属しているが、英知界こそ永久不滅の真の世界である。人間の身体は亡びても霊魂そのものは不滅である。

　これに対して「唯物論」の立場がある。「脳などの身体の機能を離れてなりたつ精神の活動は存在しない。自己意識、自己関係的認識、命題的態度、ワーキングメモリー、反省など、心と心の関係として記述されるような意識も、脳の機能によってなりたつ。すべての精神活動は脳などの身体の機能によって維持される」。

　「唯物論の立場をとれば、必然的に技術的自然主義の立場を選択せざるをえない」というのは間違いである。唯物論を否定したり、制限したりすることによって、さまざまな自然主義を批判する議論は多い。「われわれ人間は、神によって精神の一部を与えられている。ゆえに聖書の真理を守ること以外に、究極の倫理はありえない」と主張する人は、プラトン主義的キリスト教の存在論を前提にして、自然主義を批判している。

　唯物論の立場から、伝統を擁護することもできる。人間が長い時間のあいだに作り出した言語、価値観、人間関係は、時代のさまざまの変化を通じて、ほぼ同一性を維持している。たとえば私は万葉集の歌を理解することができる。宗教上のテキストが、多くの人に読み継がれ、共有されて文化を維持してきたとき、その内容を唯物論は否定できない。「神は万物を創造した」という観念に対応する身体機能が存在すると主張することは、「神は万物を創造した」という文意を支持することも反駁することもない。

　クローン人間を産みだすことは、新しい技術によって可能になった。そのことは「クローン人間を産みだす」ことを日常的な生活の一部とするような文化を創るべきであるということを意味しない[7]。

新しい技術が、人間の行為に新しい可能性を生み出したとき、その行為について「違法とするか、しないか」は、必ず決定しなくてはならない。他者危害の可能性がない（許容性のチェック）、多くの人の幸福をもたらす（功利性のチェック）など、チェックの仕方をさせなければならない。

　新しい行為に対する本能的な嫌悪感にもとづいて否定的な評価を下す人が多い。たとえば女優の「向井あき」さんは、子宮摘出の手術を受けていて自分の子どもをもてない。夫の精子と向井さんの卵子から作られた受精卵をアメリカの代理母シンディーさんに産んでもらって、双子の男の子を得た。法律的な問題として、この子どもが向井さん夫婦の「実子」の扱いを受けるべきか、「養子」縁組みを許すかという問題で、民法学者の多くは「実子としての扱いは認めない、養子縁組を認める」という対処を支持した。理由は「お腹を痛めたひと（子宮提供者）を母とするという判例を撤回するべきではない」というものであった。この問題を討議するための学術会議の席上には、向井さんを非難する団体が会場の一部に集まって、向井さんの発言を妨害した。

　医療技術の場合、健康な人がもつ機能を欠いている患者が、その機能の回復をするための技術を受ける権利（医療アクセス権）があるが、基本的な原則になる。その機能を回復することが不可能で、別の手段で目的を達成する場合、他者危害、功利性に問題がなければ、医療アクセス権を認めるのが普通である。たとえば近眼の治療はできなくても、眼鏡をかけることは許される。機能回復という意味がないのに医療技術を使う例もある。縁起のいい日に子供を産みたいという理由で帝王切開するという例は東南アジアでは非常に多い。この例については、医療資源の無駄遣いだという功利性の観点からの批判はある。

　失った機能を回復する技術としてではなく、機能を増進するための技術（enhancement[8]）の許容基準についても、研究が進められている。

　新しい技術をすべて封印するのではなくて、社会的にみて妥当なものを許容するという評価システムを円滑に動かしていくことが必要なのであって、科学技術の動きのなかにバイオエシックスによる倫理的評価が消滅していく

ことは、技術の危険度を増すことになる。

　檜垣氏の質問3には「ありうべき生命科学のなかでの生命倫理の発展的解消の方向性」を示せという期待が表現されている。「ありうべき生命科学」という言葉は、「生物学が情報学となって、存在の科学と当為の学の統合を果たす」などと檜垣氏が考えているのではないと思う。ただし、科学そのものが生命の本来性と一致することによって、科学の外部にそれを規制する生命倫理は不要になるという可能性はない。

　私は「あらゆる領域は異なる歴史をもつ」と考えている。土木工学には5000年の歴史があるが、地震学はウエゲナーの「大陸移動説」まで遡っても20世紀初頭（1912-15）に始まっている。生命科学については「物理学主義の予測」が失速に終わったということが重要だと思っている。「すべての生命過程は、化学の言葉で説明され、すべての化学反応は物理学の言葉に還元される」というプログラムである。日本の分子生物学を渡辺格氏が始めたころには、この物理学主義が「セントラル・ドグマ」として機能していたのではないかと思う。

　物理学主義は、破綻したのではなく、指導力がなくなったのである。生命科学の動きそれ自体を表現してはいないからである。しかし、生物科学を外部から観察する人文系の学者のなかには、「生命科学が、生命体を機械的に操作する方向を強めている」と誤解している人が多い。そして「生命科学は、生命固有のホーリズム、ダイナミズムが、機械論的な過程に還元不可能であることを知るべきだ」などと半可通の託宣をばらまく。19世紀ロマンティシズムの時代の「機械論対有機体論」のコンセプトを語っているのに、自分の語っていることが「現代的だ」と思い込んでいる。

　有機体の概念は、有機体の科学が発達する前からできあがっていた。このことは19世紀から20世紀の自然科学と人文社会科学の関係を考える上で、きわめて重要である[9]。

　現代の生命科学全体を一つの「標語」にまとめるような特徴はないと思う。「免疫学」は、「生命体の自己認識、他者攻撃」という基本的なモデルで、これまで単純体と見なされてきた細胞を「共同体」としてとらえることで、生

命体の自己保存を説明している。「存在とは動的均衡である」というヘラクレイトスのイメージが生きている。

　発生学的研究では、生命体の自己形成力を、さまざまな技術的工夫で取り出して、操作可能な状態に近づけているが、ゲーテの「メタモルフォーゼ」が見えるようになってきたという印象もある。

　土木工学→機械の製造・利用→ガリレオの物理学というような歴史のモデルは、機械論的物理学と天文学が協同現象であることの発見から始まるが、類似の軌跡を生命科学がたどる可能性はない。

　現代の生物科学がどのような歴史の段階を刻むことになるのか。パスツール、クロード・ベルナール、コッホなどの情熱的顕微鏡観察の実証主義と病原体説の確立（1892年頃）→DNAの構造決定（1954）→コーヘンによる遺伝子操作の可能性発見とアシロマ会議（1975）→ドリーの誕生（1996）と見てきても、「より単純で要素的であるが確実度の高い認識へと収斂していく傾向」などは見られない。最先端の業績がもっとも原始的な形態観察と結びついていることもある。もちろん物理学主義的に説明できるような業績もある。ただし、自然科学全体が、実証性と相互検証という点で安定した歩みを進めていると私は思う。

　生命科学に密着した哲学的営為に関して、日本の哲学界が非常に鈍感であることは注目に値する。Michael Ruse: The Oxford Handbook of PHILOSOPHY of Biology 2008 など、生命学と哲学との間に通路を開こうとする良質の書物が大量に出版されているのに、日本の哲学・倫理学、科学哲学系の学会では、こういう領域の研究発表がほとんどない。

　結論として、1、カント哲学を含めてあらゆる種類のプラトン主義が自滅していく。2、心身問題の唯物論が承認されていくが、これはいかなる立場をも論駁することができない、ロバのような唯物論である。3、唯物論の承認は、技術主義的な自然主義をもたらさない。4、したがって、「ありうべき生命科学のなかでの生命倫理の発展的解消の方向」は存在しない。科学的発見の方向と倫理性とは無関係である。人間は科学の生み出す技術的可能性をひとつひとつ吟味して、社会的許容性を決定しなくてはならない。

Ⅰ　「日本の生命倫理を総括する」(往復書簡)　加藤尚武 ⇄ 檜垣立哉

〔註〕
（1）加藤尚武「バイオエシックスことはじめ」『ライフサイエンス』15巻9号、1988年9月
　　　加藤尚武「生命倫理学の三団体が同時発足」『かがくさろん』東海大学出版会52号（13巻1号）、1989年2月20日
　　　加藤尚武「日本での生命倫理学のはじまり」高橋隆雄・浅井篤編『日本の生命倫理――回顧と展望』九州大学出版会、2007年
（2）加藤尚武「バイオエシックスと世代間倫理」『文化会議』日本文化会議、1986年7月
　　　加藤尚武「バイオエシックスと伝統的倫理学」『書斎の窓』有斐閣、1986年10月
　　　加藤尚武「バイオエシックスとはどんな理論か」『からだの科学』135号、1987年6月、日本評論社
　　　加藤尚武「生命至上主義の終わり」『高校通信』21巻16号、1987年12月、教育出版
　　　加藤尚武「バイオエシックスの背後にあるもの」『かがくさろん』11巻6号、1987年12月、東海大学出版会
（3）加藤尚武『ヘーゲルの"法"哲学』青土社、1993年
（4）厚生科学審議会「生殖補助医療技術に関する専門委員会」(委員長・中谷瑾子慶応大名誉教授) 2000年12月
　　　厚生科学審議会「生殖補助医療技術に関する専門委員会」(委員長・矢崎義雄国立国際医療センター総長) 2003年4月
（5）厚生科学審議会専門委員（1997-2007）
　　　科学技術会議専門委員（1997.12.18-1998.6）
　　　文部省学術審議会専門委員（1997-2000）
　　　科学技術・学術審議会専門委員（学術分科会）（2003.2.1-2004.1.31）
（6）エンゲルハート『バイオエシックスの基礎付け』加藤尚武、飯田亘之監訳、朝日出版社、1989年
（7）加藤尚武『脳死・クローン・遺伝子治療』PHP新書、1999年
（8）加藤尚武「エンハンスメントの倫理問題」上田昌文、渡部麻衣子編『エンハンスメント論争』社会評論社、2008年
（9）加藤尚武「有機体の概念史」『シェリング年報』第11号、2003年7月

檜垣立哉から加藤尚武への返信

　加藤先生、こちらから依頼させていただいた件でありながら、返信が遅くなってしまって本当に申し訳ありません。最近の大学は律儀で、夏休みがどんどん削減されていって、7月末まで通常運営であたふたしておりました。

　先生の御書簡は、生命倫理の導入史についても、またとりわけフーコー（あるいはアドルノ）へのご批判についても、さらには今後の生命倫理の展望についても、これまでの先生の御著作に親しませていただいている身から想像できるものとはいえ、たいへん貴重な内容を含んでおり、とりわけフーコーに関するあたり、どのように応じるべきか考えてしまいました。
　ここでは、先生のご指摘から触発を受けた点についてまとめ、それについてさらに議論を深める方向で、いくつかの再質問を切りだすことができればとおもっております。

　まず生命倫理の導入に関してです。エンゲルハートにしても、あるいはヨナスにしても、いわば加藤先生自身のご業績として導入した部分があるにもかかわらず、とりわけ前者に対してですが、ある種の辛辣な視線を強くもっておられること、にもかかわらず、エンゲルハートのおこなっていることを、ピエール・ベールの「寛容論」の議論にひきつけ、加藤版バイオエシックスの導入そのものを、日本における自由主義の修得＝プラクティスと位置づけておられること、ここはたいへんに関心をひきました。生命倫理の導入そのものが、「ジャーナリズムの軽薄さ」に便乗してやろうとしてはじめられたとのこと、またそこで生命倫理学者に対して（とくに社会学系から）「権力の御用学者」といわれることに対し、哲学者もたまには御用学者になって非難を被ってみればいいのではと応じる小気味よい姿勢は、ある意味では私にとってはたいへんよく理解できます。こうした姿勢は、世間的には非難の対象とされるものとも拝察します。ですが、先生がヘーゲル研究とならんで、バイ

オエシックスを戦略的に導入されたことが、いわば自由主義の修得に重きをおいている以上、これはたいへんに貴重な「実験」だなとも感じました。外国の最新思想の鳴り物いりの導入とはいえ、要はそこから何がつくられるのかが重要なのですから。

他方、のちのフーコーの議論にも関わりますが、加藤先生のある種の「自由主義」への信頼、いわばこれだけは落とせないという信頼は（けっして批判ではなく）どこから来るのだろうかとも感じました。これはある種の現場感覚として、もちろん私にも理解できるものではあります。ですが、ここで擁護されている自由そのものが、生命という主題とは非常に微妙な関係をもっているのではないでしょうか。

バイオエシックスの導入のきっかけである生命技術について、先生もそこで「近代思想が破綻する」と同時に「伝統的な生命観は破綻する」という直観を与えるものであったと述べておられます（後者は裏切られたのでしょうか？）。また、それがプラトン―カント的な観念論（反自然主義）を否定すると述べられている意味でも、こうした事態はおおきく近代を逸脱するものでもあるはずです。

先生の書簡での非常に特徴的な主張は、バイオエシックスが問題となる時代が、近代を壊す時代性であることを認め、カント主義的な観念論でも、またエンゲルハート流の単純な功利主義でも解き明かしえない状況が現れることを提示し、またさらにある種の唯物論的な立場にたちかえる必然性を想定した上で、しかし唯物論の立場が必ずしも自然主義の絶対視ではないこと、それが伝統を擁護する位相をももつこと、そこに自由主義をつなげていく意義が存在しつづけること、これらにあると私にはおもわれました。これは私の拡大解釈になるかもしれませんが、社会が社会として存在しつづけるかぎり、それが近代であろうがなかろうが、そこでの「存在の学」にいかなる展開があっても（たとえば生物学的技術が進展し、これまでみいだせなかった事態が生じるなど、存在観がおおきく変貌しても）、「当為の学」、つまり倫理のよってたつ最低の基準は消えない、それは唯物論的な立場からもそういえ

ると、こうしたことを主張しておられると感じました。
　私自身も、生命に関する学の発展が、すべてを統合する「情報学」のようなものに到達し、そこで倫理や人間の固有性に関する言説が一切消えてなくなるとはおもいません。また先生の指摘されるように、生命に仮託させて語られる多くのヴィジョンが、かつてのホーリズムの変形であったり、あるいは旧来の思想の焼きなおしにすぎなかったりする点にもまったく同意します。そこでもし倫理があるのならば、それが何か社会（まさに人間の社会）が存立する最低線として崩せないものだということも理解できます。しかしそこで先生のように、唯物論的な視点にたちつつも、自由主義を擁護するという立場は、まさに社会が社会であるかぎり、残るべき最低線であるといえるのでしょうか。それではやはり近代主義だ、近代社会しか考えていないという反論は、先生にとってナンセンスなのでしょうか。

　さて、フーコーについてです。先生のフーコー（およびアドルノ）批判、いやもっと広くいえばポスト近代（ポストマルクス）派への批判の論点は、まずは権力の規定そのものにあると読めます。
　先生のご指摘では、一方ではルソー的な権力批判、つまり権力とは普遍的であることを僭称する特殊意志であるという「批判」の水準があり、他方では、権力は普遍意志であるがゆえに特殊を抑圧するという、権力概念についてきわめて空疎な言明があることになります。後者の代表例アドルノでは、一種の否定神学をもちいて普遍の不在を論じてしまう。フーコーはいわばその裏返しのように、何でも権力だということにしている。だがそれでは権力が何であり、普遍が何であるという吟味そのものが曖昧になり、そこでは「批判」という「自分のあり方が普遍意志である」という主張そのものがどこにもなくなる。それゆえその「批判」は自壊してしまう。このことは、フーコーが「権力」を曖昧にしか規定できず、さらには「法」という位相をいわば無視することからみてとれる。こうまとめられるのではとおもわれます。
　他方そのうえで先生は、フーコーの貢献は「正常者と異常者の区分をおこなうのは正常者」であるという、民主主義におけるダブルバインド的なパラ

Ⅰ 「日本の生命倫理を総括する」（往復書簡）　加藤尚武 ⇄ 檜垣立哉

ドックスをひきたてたことにあると述べられます。この点については、先生自身、けっしてトリヴィアルな問いとしてとらえておられないようにみえます。自由主義に基づく民主主義が、どうあっても「少数者」に対する抑圧として働くことは事実で、なおかつ、生命技術の問題が出現するときに、そこで問われる当事者はたいてい「少数者」であることから、これは原理的な問題でありうるとおもわれるからです。ただフーコー（あるいはフーコー主義者）たちが、それを一種のマイノリティに対する情緒的な問題設定としてしまうことには、あくまでも意義は認められない、そう論じておられます。

　後者から答えるのがある意味で簡単なので、そちらからいきます。

　フーコーにせよ、フーコーを利用する論者たちにせよ、その議論にある種のマイノリティへの情緒的荷担がないとはいえないとおもいます。しかしそれだけかというと、それは違うでしょう。先生がこのダブルバインドを真剣に考えるべきで、近代の民主主義社会が抱えているパラドックスであるととらえられるのならば、フーコー自身もそれに近い発想をしているといえるとおもいます。

　ただフーコーは、『狂気の歴史』においても『性の歴史』においても、ある種の近代を相対化する（それゆえ反近代主義にみえやすい）記述において、ダブルバインドを「示す」だけだという弱点をもっていることは確かです。このダブルバインドの先をフーコーが論証的に考えることはありません。それでは、アガンベンが「グレーゾーン」と述べるようなパラドックス的な状況を、たんに提示するだけのようにみえることになりかねません（アガンベン自身はそこから法の領域の議論をたちあげようとします）。

　しかし、先生からは、「逃げ」とおもわれることを承知で述べますが、生権力論におけるフーコーの論点は、何をおいても「主体の産出」にあります。正常者と異常者を切りわけるのは正常者であるという、民主主義的な主体が成立した「あと」でのパラドックスが、その主体の成立条件に関わっているのではないかというのが、ここでのフーコーの戦略であるようにおもえます。ここでおそらく「無意識」による、主体の構成という、（先生は非常に嫌うであろう）事態に踏みこまざるをえないのではないかとおもいます。

この点で、クィアやマイノリティ政治を志向する論者たちが、ある種の民主主義的な議論の擁護のようなかたちでフーコーを利用することは、もちろんそれが何の援護射撃になるかはわかりませんが、フーコー解釈としては適切な道だとおもいます。ただ、そこでも多用される精神分析の言葉と主体の生産という文言は、先生からみれば同じく「批判」として破綻した議論なのだとおもいます。が、この点は、「批判」がきちんと成立する可能性を突くポイントとして、近代的な自由主義の裏にあり、それを可能にするものを探る議論としてたてなおす必要はあるとおもいます。
　ついで最初の問題に戻ります。先生が、権力についての明確な定義がフーコーでは不在ではないか、それではアドルノが普遍は存在しないと述べたのと真逆に、フーコーではすべては権力だということになり、権力に対するある種の空虚な普遍化をおこなっているのではないか。それは「批判」として破綻している。法に関する議論の不在は、そこで「先例のない事例」についても対応を不可能にすると述べられていることについてです。
　法に関する議論の不在は、確かに問題とおもえます。それはフーコー自身が、法という位相を精神分析の構図で、あるいはシニフィアンの言語学という方向からしかみていないからだとおもわれます。この主題については、アガンベンなり、クィア論者のバトラーなり、フーコーを評価する側からも、批判とともに議論する動きはあります。
　この点について、私はフーコーを全面的に擁護するわけでもありませんが、フーコーはやはり、ルソー的な「批判」がなりたつ領域がどうして成立するのか、それが破綻しているのなら、その裏を示すべきではないかと考えていたのだとおもいます。そして普遍を争奪する特殊になるのではなく、普遍を可能にした近代を相対化することで、何かを示したかったのではないかとおもいます。だからフーコーは法を重視しない。
　おそらくこれに対して先生は、フーコー自身が法のなかで生き、民主主義のなかで生き、確かに発言しているのだから、こういう「無意識」の「構造」なるものへの逃げを打った段階でそれは議論になっていない。あくまでも法の領域で事態を明確化させないと、技術が示す先例のない事例にも応じられ

ないと、こうおっしゃられるとおもいます。

　さらにいえば、こうして檜垣がフーコーを題材に論じているこの場面も、やっぱり民主主義的な言説空間ではないか。そこで法やシニフィアン的な言語に反対するというポストモダン的な思考を称揚しても、それが可能なのは自由主義的なものを土台としているからではないか。確かにカント主義的な近代は破綻したかもしれない。近代では考えられない先例のない事例は発生している。だがそれを論じるのは、人間の民主主義の領域であるよりほかはないではないか。先生はこうおっしゃられるようにおもわれます。そして正直いえば、このこと自体に反論するのはかなり困難です。それの外にでてしまった言葉、それとは別の位相を指摘する言葉は、メタ言語を装うだけの言葉になってしまうので（先生によれば）、それを論じるのは意味がないと規定されるでしょう。これでは、そうした自由主義を支える言葉を探るというフーコーの試みと、一種の堂々巡りを演じることになってしまうのではないでしょうか。

　ですがその場合、民主主義や自由主義そのものの原理を問うことは、その内部の言語でできることでしょうか。その外部を描く言葉は、すべてが夢想のようなものにつきてしまうのでしょうか。それだと、自由主義そのものの価値は、最初から最後まで「自明だ」ということにしかならないのではないでしょうか。

　生命を論じる議論が、ある種のロマン主義など古風な言葉の復古版にたいていはすぎないという先生の主張には多くの部分で賛成しつつも、その外を語りたいという欲望が現在の状況にあることも確かではないでしょうか。それを無視することは、やはり自由主義＝民主主義の語りだけが人間に可能な倫理の語りであり（近代ではなくまさに人間の倫理にとって）、それの外にでる「議論」はありえないという前提にもとづくことになるのではないでしょうか。

　ここで先生への再度の質問をまとめるならば、こうなるとおもいます。
1）生命科学の進展によって近代がある意味で瓦解することを肯定されておられますが、そうした瓦解の彼方においても、やはり自由主義とそこでの

「批判」を維持すべきだという議論のたてかたは、人間の議論は「民主主義で自由主義的であるべきだ」という、場合によっては近代的にしかみえない事情に支えられているとはいえないのでしょうか。あるいはまさに先生と私がこうして議論をおこなっているかぎり、「事実そうなっている」ものだと考えるべきだということでしょうか。その場合、近代の外を語る思考は、すべてある種の蒙昧な主張になってしまうのでしょうか。

2）いわゆるマイノリティ問題に関してフーコーを評価される視点、そこでダブルバインドとして描かれるものが、今後近代の原理をほりかえす議論になる可能性はないのでしょうか。この点、生命倫理的な問題がある意味で少数者にしか生じないという先生の指摘はたいへん気になります。生命科学の時代とは、逆にこうした少数者に誰でもがなりうる（たとえば遺伝子検査を徹底すれば誰にでも病気可能性がみいだせるだろうし、ガンの検診が分子レベルになれば誰でもが潜在的なガン患者になるだろうという意味で）時代のことではないのでしょうか。

3）1）の繰り返しかもしれませんが、唯物論者がアプリオリに伝統に否定的なわけではない、唯物論的観点をとってもすべてが自然化されるわけではない、という見解にはまったく賛成なのですが、その場合、先例のない事例が生じたときに、それに対する伝統的価値の多様性がまさに全面にでてきてしまい、そこでは伝統を巡る争いが再燃し、自由主義の名のもとに不毛な価値の争奪戦がつづくだけにならないでしょうか。そこでは生物学的な技術やあたらしさが、裏で伝統そのものを、良い悪いとは別に事実上組み替えていること（その多くに先生は最終的に否定的におもえます）はないのでしょうか。

以上です。先生の論旨を充分に咀嚼できない部分も多々あろうかとおもいます。失礼の段はお許しください。

加藤尚武から檜垣立哉への第2書簡

1 アナーキズムか最小限権力か

「近代的」という形容詞がつくと、全て超克すべきものと見なす「近代超克病」から自由にならなくてはならない。近代的自由、近代的民主主義、近代資本主義を批判する立脚点は何かが問題なのである。

すると問題は、平和・秩序を維持するための最小限の暴力装置・権力機構は正当と見なすがその逸脱は批判されるべきだという逸脱批判論の立場をとるか、それとも、あらゆる「権力は不正である」という権力一般批判論(アナーキズム)の立場をとるかということになる。

「最小限の暴力装置・権力機構は正当と見なす」という立場が、アダム・スミスであり、ノジックである。「普遍的意志であることを装う特殊的意志が権力であり、真の普遍性ではない」というのが、ロック、ルソーらの伝統的な権力批判論である。啓蒙主義、民主主義、自由主義などの近代主義的権力批判は、すべてこの範疇に属する。

この近代主義的権力批判以外の立場をとるときに、「最小限の暴力装置・権力機構も不要である」という楽天的アナーキズムをフーコーやアドルノが支持するとは思えない。「犯罪は抑圧的な社会体制においてのみ発生するもので、抑圧、疎外、搾取から解放された体制のもとでは、犯罪者は存在しない」という楽天的アナーキズムは、現代では支持者がいないだろう。

フーコーやアドルノの立場を支持しようとする人は、「最小限の暴力装置・権力機構の必要」について、態度を明らかにすべきである。

2 近代の超克について

私は「近代の超克」という概念枠を無意味だと思っている。マルクスのように「資本主義的生産様式の超克」というなら、分かる。生産手段が私有財

産であり、私有財産は正当な根拠なくしては奪われないという原則が認められている、私有財産には所有者の自由処分権が認められている、生産手段をもたない労働者は〈労働を売る〉ことの対価によって生活する。こういう一連の規定によって「資本主義的生産様式の超克」を理解することができる。

「中世の克服」と言ったら、暗い、自己犠牲的な雰囲気と形式化された超越性、固定された身分制、あらゆる変化ののろさというような文化のことを指すのだろうか。

「古代の超克」と言ったら、自然主義的な英雄主義、神々と人間が共存するホメロス的世界の克服なのだろうか。

「近代の超克」というコンセプトに、意味があるような錯覚が支配的である。だいたい西洋では17世紀頃から19世紀頃までが、宗教に代わる科学的合理性、官僚制・複式簿記などの数量的な管理手法、固定した社会的身分の撤廃、議会を中心とする国民参加型の立法などが行われるようになった。マルクス主義であれば、その「近代文化」を土台と上部構造に分けて、土台の変革に従って「上部構造」すなわち「資本主義文化」の社会主義化が進行する、「近代の超克」主義者は、エセマルクス主義者で、土台の変革を抜きにして、近代を丸ごと否定するというポーズを示すのだと言うだろう。

「人間の持っている文化全体が同時期に同じ特徴を持っているという考え方がある。例えばマルクス主義が典型的である。近代の医学も、近代の法制度も、近代の会計制度も、全部近代資本主義共通の特徴を持っているはずだという。だから近代という時間尺度を使えば、その中にある文化は全部同じ近代性を含むものだ、と考えていた。しかし実際には文化のそれぞれの領域ごとに、すべて異なった歴史性がある」（加藤尚武『災害論』、世界思想社、82頁）。

近代がもしも17世紀頃から19世紀頃までの西欧文化を指すとすれば、音楽史ではバッハからドボルザーク頃までを全面的に否定して、それ以外の様式に「しなければならない」という条件を受け入れることが「近代の超克」になるだろう。エリック・サティも、リゲッティも「近代の超克」組に入るかもしれないが、私はリゲッティを好きになれない。

絵画史でいうと、どうなるのだろう。加藤尚武「デューラーとブリューゲ

ルの空間描写の違い」(栗原隆編『共感と感応』東北大学出版会、2011年、所収)に「近代」意識のちぐはぐなことを書いておいたから、参照されたい。要するに、すべてのジャンルに共通する「近代的特徴」は存在しない。したがって「近代の超克」は無意味である。

3 自由の在庫目録

　ドラクロアの描いたバリケードを越える自由の女神は、東京の文京区では「乳がんの検診を受けましょう」という標語を付けて壁に貼られていた。自由の女神は、しばしば片手に帽子を持っていて、それは奴隷が解放されたとき、主人が帽子を投げて与えたというローマ時代の風習によるのだそうだ。ニュー・ヨークの自由の女神の足下には断ち切られた鎖がある。すると自由の在庫目録の第1は、奴隷解放である。すべての個人は平等で、自分の身体を自分で所有するという理念が、自由の第1の理念である。

　所有という範疇は、資本主義に固有のもので、共有によって取って代わられるという主張を私は認めない。所有という範疇を、特定の時代の上部構造であると見なす過ちが、マルクス主義のもっとも深い過ちであると思う。すべての社会主義政権は所有の前に屈服して倒れたのである。

　存在と所有を、ガブリエル・マルセルは、あまりにも安直に扱っている。所有は外面性、存在は内面性と言わんばかりに。所有と存在は等価である。私の所有は、他者にとって私の存在である。警察は私の存在を表すものとして、私の写真、名前、指紋などを使うが、それは私にとっては所有であって、存在ではない。しかし、私の所有は、他者にとって私の存在である。

　自由の在庫目録の第2は、所有である。1789年「人および市民の権利宣言」第17条「所有権は、一の神聖で不可侵の権利であるから、何人も適法に確認された公の必要性が明白にそれを要求する場合で、かつ事前の正当な補償の条件の下でなければ、これを奪われることがない」。国王の一方的な徴税権を認めないという宣告を確定するかたちで所有権が認められ、所有権は対象物の自由処分権であるという解釈が確定していく。

基礎的な範疇は、「人格が物件を所有する」と表現される。その物件は、物質的な財産だけでなく、自分の生命の質の決定まで含むことになった。

　自由の在庫目録の第3は、自己決定である。この権利の重要性は、ナチス時代にさまざまの身体的な措置を強制された事例に関して、同意原則「何人も同意なしに身体的なリスクを負わされることはない」という形で再確認されることとなった。所有の範囲が、自己の体内の胎児に及ぶなら、自己決定権によって人工妊娠中絶が許容される。

　「しかし、ゴッホの絵〈アイリス〉の所有主が、「死ぬときには自分の棺にいれて、ともに燃やして欲しい」という遺言をした場合、この焼却を阻止する公的な干渉は正当化されるかという問題がある。ゴッホの絵の価値について、所有主の権利とは、通常 1、自由処分権であり、その所有物を自由に処分することができる。2、対価を得る権利であり、その所有物が、破損を受けたときの損害賠償、売買されたときの対価をうけとる権利をもつ。ゴッホの絵の場合、私有財産であるから、所有主は自由処分の権利をもつが、それを焼却するならば、ゴッホの絵の持つ公共的な価値を破壊することになるから、国家は個人に干渉して、焼却からゴッホの絵を守らなくてはならない」（加藤尚武『災害論』世界思想社、174-175頁）。

　自由の在庫目録をさぐっていけば、まだまだ項目が登場するだろう。「自由とは近代的な価値に過ぎない。それは超克されるべきである」と誰かが言うならば、奴隷制度の復活を支持するかどうかなどの、自由の在庫目録の調査が行われなくてはならない。

　自由が永遠の価値を持つという保障はない。もしも地球に生き残った人間が100人で、食料が80人分あるなら、すべての人間の平等を認めて、各自が必要量の80を食べて全員が生き残るという選択が可能であろう。しかし、食料が50％しかないとき、平等の原則を認めれば人類は死滅してしまう。その時にも、平等の生存権を含む意味での自由が生き残る保障はない。

　J. S. ミルが考えていたような自由の思想が、日本に定着するチャンスがあるとしたら、医療倫理に患者の自己決定権という観念が認められるときであろうと私は期待した。そのことは、日本人が自己決定権の意味を深く考えて、

Ⅰ 「日本の生命倫理を総括する」(往復書簡) 加藤尚武 ⇄ 檜垣立哉

状況の変化のなかで適切に、その権利を守り、育てていくという期待でもある。このような意味での自由を近代的であるから否定するべきだと主張する人は、「近代の超克」という言葉にもたれかからないで、その在庫目録を明示すべきである。

(檜垣質問1)
　生命科学の進展によって近代がある意味で瓦解することを肯定されているが、そうした瓦解の彼方においても、やはり自由主義とそこでの「批判」を維持すべきだという議論のたてかたは、人間の議論は「民主主義で自由主義的であるべきだ」という、場合によっては近代的にしかみえない事情に支えられているとはいえないか。その場合、近代の外を語る思考は、すべてある種の蒙昧な議論になってしまうのか。

(加藤の回答)
　「生命科学の進展によって近代的枠組みが瓦解する」可能性のなかでも、民主主義・自由主義は守られるべきかと檜垣は問う。民主主義が、無効になる事例を想定してみよう。すべての病気の遺伝的な要因が明らかになって、人類はすべて少数のグループに分かれる。各グループは、そのグループにとって最適であるような医療費・研究費を支給するが、グループ間に共通の利害関係はない。従って全国民の投票による多数決で公共的な決定によって医療を維持する意味がなくなる。

　この問題の萌芽は、orphan-drug(患者数の極端に少ない病気用の薬)、orphan-device(患者数の極端に少ない病気用の医療材)にある。以前は薬品会社などのサービスで提供されていたが、現在日本では政府が補助金を出している。このような補助金を多数決制度で決定するなら、少数者が生存不可能になる可能性がある。

　近代社会では、「普遍的な利害は公共財によって維持され、それは多数決制度で決定される」という原則が認められているが、この原則が破綻する可能性は充分にある。そのときどのような制度を作り出すことが、最善であるか。その制度設計の原則がどのようなものになるか、たとえば生存権の平等は認

めて良いのかということは、医療技術の具体的な進展にあわせて議論を積み重ねていかなければならない。一般的に近代主義が通用するかしないかは、議論に値しない。私は生存権の平等という原則を守りつつ事態が進展することを期待している。

(檜垣質問2)

　マイノリティ問題に関してフーコーを評価する視点、そこでダブルバインドとして描かれるものが、今後近代の原理をほりかえす議論になる可能性はないのか。この点、生命倫理的な問題がある意味で少数者にしか生じないという加藤の指摘はたいへん気になる。生命科学の時代とは、逆にこうした少数者に誰でもがなりうる（たとえば遺伝子検査を徹底すれば誰にでも病気可能性がみいだせるだろうし、ガンの検診が分子レベルになれば誰でもが潜在的なガン患者になるだろうという意味で）時代のことではないのか。

(加藤の回答)

　誰もが少数者であるから、その少数者相互の関係の調整は、生存権の平等を守る形で進展するだろうという予測は、ありうる（ある高名な生物学者がそう語ったこともある）。すべての人が生まれた時には、疾病予測のカードを持っていて、治療費の総額も記入されているとすれば、「普遍的利益」によって人々が決定を下すことは困難になる。したがって少数者問題は、倫理の中心的な問題として議論しておく必要がある。J. S. ミルは『代議制統治論』（1861年）で少数者問題を取り上げながら、その問題が深刻な難問を引き起こすという認識は持っていなかったようだ。

　同性愛問題も、難問の源泉である。同一の組織から精子も卵子も作り出す可能性をもつ細胞の培養にすでに実験段階で成功しているが、男性の卵子、女性の精子を作る可能性が分かっている。同性愛の夫婦を法律的に承認した以上、同性愛夫婦の実子を持つ権利を否定できるかという議論もでるだろう。90％の異性愛者と10％の同性愛者が共存する社会で、90％の異性愛者が多数の暴力を振るうなら、少数者の被害が発生するだろう。

　一気に異なったシステムの社会に転換することはないので、個別的な問題

ごとに解決の事例を積み重ねていかなくてはならない。「法の支配」を原則とする社会であるなら、つねに行為の合法と違法の区別がつかなくてはいけない。区別をつけるために多数決を用いれば少数者は抑圧される。しかし、共に合法という決定はできる。

(檜垣質問3)

　「唯物論者がアプリオリに伝統に否定的なわけではない、唯物論的観点をとってもすべてが自然化されるわけではない」、という加藤見解にはまったく賛成だが、その場合、先例のない事例が生じたときに、それに対する伝統的価値の多様性がまさに全面にでてきてしまい、そこでは伝統を巡る争いが再燃し、自由主義の名のもとに不毛な価値の争奪戦がつづくだけにはならないのでしょうか。そこでは生物学的な技術やあたらしさが、裏で伝統そのものを、良い悪いとは別に事実上組み替えていることはないか。その多くに加藤は最終的に否定的な態度をとっているとおもえる。

(加藤の回答1)(唯物論)

　唯物論を「精神のすべての過程には対応する身体の動きが存在し、身体に対応しない精神の活動は存在しない」という主張であると仮定しよう。この唯物論の主張を、ほとんどすべての人が実際に承認していると思われる。この唯物論の主張そのものが、実証可能とは言えない。

　フランス人医師ピエール・ポール・ブローカ(1824-1880)の勤務先のビセートル病院に、ルボルニュという51歳の男性が入院してきた。ブローカが何を尋ねても、彼は「タン、タン」と二度繰り返すだけなのに、その他の知能はまったく正常であった。彼は入院後わずか数日で死亡、ブローカはその24時間後に剖検を行い、左の下前頭回に脳梗塞を見出し、これが彼から言語機能を奪った原因であると考えた。そこで、この領域はブローカの運動性言語野と呼ばれている。ブローカはその患者のしぐさなどを理解し、脳梗塞による病変を観察し、この理解と観察を対応させた。

　1951年、先端1ミクロン以下のガラス管電極を神経細胞などに挿入して電位差を測定することができるようになった。ペンフィールドが作った大脳の

地図は大変有名であるが、大脳を電気刺激して言語野などの局在（一定の所にあること）を証明した成果をまとめたものである。

　1990年代になると、MRI（核磁気共鳴装置）が使われるようになり、生きた状態の脳の活動の状況を観察することができるようになった。観測者が被験者に「何が見えますか」と訊くと「赤い丸が見えます」と答える。MRIの画像に明るいところが見えている。観測者と被験者の間に成り立つのは理解である。その理解が、画像上の光という観察と対応づけられる。

　心を科学的に明らかにするということは、理解（解釈）と観測を対応づけるという形で進められてきた。その対応それ自体は理解も観測もされない。それぞれが同時的に発生する、一方が止まると他方が止まる等の対応関係から、この理解と観測が同一であるという心脳同一説が導き出されている。この同一性は、通常、「宵の明星と明けの明星は同一の天体である」と言うときと同じ条件でなりたっているか、それとも通常のわれわれが使っている「同一性」の概念とは違っているのか。別の言い方をすると、観測機がもっと発達すれば、この同一性それ自体が観測可能になるのか。

　被験者が言う「赤い丸が見えます」という言葉の理解（解釈）とMRIの画像に明るいところが観測されることは、同一であるが、同一であることが観測されるのではない。理解（解釈）と観測の同一性は、理解（解釈）も観測もされないが、その同一性は比喩ではない。唯物論を証明する観測は存在しない。

（加藤の回答2）（ロバの唯物論）

　唯物論に敵対する立場に唯心論がある。たとえば、エマソンの言葉で、プラトンの影響がはっきりしている文章を引用しよう。「精神科学は不滅で必然的で創造されていない本性たち、つまり．「理念」（Ideas）に注意をそそぐが、「理念」をまえにすると、われわれは、外界の事情は夢であり影である（the outward circumstance is a dream and a shade）と感じる。神々がつどうこのオリュンポスに仕えているあいだは、自然を魂の付録（an appendix to the soul）だと考える。われわれは神々の国へのぼっていき、これらの神こそ「至高者」（the Supreme Being）の想念であることを知る」（『エマソン論文集』酒井雅之訳、岩波文庫、88頁）。

I 「日本の生命倫理を総括する」(往復書簡)　加藤尚武 ⇄ 檜垣立哉

　唯物論者はしかし、エマソンが「外界の事情は夢であり影であると感じる」ことを論駁できない。「その感じもまた、脳の働きである」と注釈を付けるだけだ。唯物論者は、「イデアは身体から離れて存在する」という人がいれば、「その感じもまた、脳の働きである」と注釈を付けるだろう。どの立場も論駁することはできない。これを私は、「ロバの唯物論」と言いたい。
　たとえば私が誰かに約束をしたとする。約束というのは、実際には「午後2時に新橋の上で100万円渡す」という言葉を信じ合うことである。その信じる内容は、自然的事実ではない。約束の根拠付けは、非自然主義的に行われるということを、唯物論者は否定することができない。

(加藤の回答3)（伝統の失速）

　技術そのものは、20世紀になって明らかに変質してきた。① 核エネルギーの開発、② 遺伝子操作、③ 臓器移植医療での免疫抑制剤の使用、④温暖化によるガイアの自己調節機能の破壊、は自然界のまったく別々のレベルで成立するが、本来の自然が自己同一性を維持する機能を破壊することで成り立つ技術である。素朴な言い方をすれば、神様が、「人間よ、この限界を守れば、自然界のバランスそのものは私が保障する」と述べていた限界、すなわち、① 原子の自己同一性、② 遺伝子の自己同一性、③ 生物個体の自己同一性、④ 地球生態系の自己同一性、を形づくる生命体としての熱平衡維持機能を破壊している。
　技術が自然のバランスの維持機構そのものを破壊する形で成り立つようになったことが、現代技術の大きな特徴である。この場合の現代の特性は、17世紀から始まるいわゆる近代ではなくて、20世紀の後半、大体、1970年代にはっきりと出てきた。
　倫理的に問題となる行為について、伝統に照らしても、類例がなく、伝統は失速している。たとえば自分の卵子、夫の精子で他人に赤ちゃんを産んでもらうということが、倫理に反するかという問題では、すでに正当化されている行為のどれかと照合しても、判断がつかない。「生殖機能を他人の目的で使用するのだから、売春と同様であって、不正である」という判断を下す人もいる。「身体の機能で他人の目的に奉仕することは、すべてのサービス行為

と同様であるから正当化される」と判断を下す人もいる。

　歴史的に見て前例のない行為についての評価方法では、すでにある事例との類比、比較がまったく役にたたない。行為の評価に使える原則を、複数用意して、それぞれについて検討をすることが、もっとも主要な評価方法である。

　他者危害原則——他人に危害を加える恐れのある行為は、公共的に禁止して良い。

　同意原則——いかなるリスクも、それを受ける人の同意なしに、負わせてはならない。

　受益者負担の原則——結果としての不利益は受益者が負担すべきである。

　功利主義原則——行為の結果えられる利益はコストを上回っていなくてはならない。

　こういう原則のそれぞれに適用条件があるが、それによって大体の判断を出して、最終的には決定権のある人々にゆだねる。

檜垣立哉・あとがき

　加藤先生、この間またかなりのご無沙汰をしてしまい、申し訳ないかぎりです。先生の『災害論』(世界思想社) を拝受いたしました。大震災以降、あるいはそれにともなう原発事故以降、さまざまに露呈されてきたあらたな論点を、時局的な問題に収斂させるのではなく、あくまでも古来よりの倫理学における災害への視線、そしてそれが現在的な諸問題と絡んだときに、いかなる原理的な哲学倫理学の、あるいはテクノロジーの根幹にかかわる問題として考えるべきか、これらについてたいへんに示唆に充ちたものであるとおもわれました。お送りいただき感謝もうしあげます。勉強させていただきます。

　原発事故も含むこれらの件については、私も考えるところが多く、逆にそれもあってあるところで「沈黙」を表明させていただいたことがあります。それで多くの批判も受けました。賛成してくれるひともいました。もちろん一生活者としての素朴な反応はあります。それは一生活者として行動において表出すべきことだと考え、ものを書く立場とはいっさい切り離しておりま

I 「日本の生命倫理を総括する」（往復書簡）　加藤尚武 ⇄ 檜垣立哉

した。このことを、哲学的倫理学的にどうとらえるのかとは次元が違うと感じていました。災害とは何か。それを哲学で語ることとは何か。それについて、生権力や生政治という観点からも多くの論点がとりだせるとおもいます。ただ自分でも、それについては暗中模索です。この状態に、自分でもいささか情けなささえ感じております。

　加藤先生の『災害論』でおおいに関心をひいたのは、確率論的合理性で物事を語る意味について検証されている箇所、とくに第3章でなされる、H. ルイスという工学者への鋭い批判でした。確率統計的にみいだされる安全性への計算は、原発のような、その被害が「きわめて甚大」である（社会の根幹を回復不可能に破壊してしまう）ケースにおいて、同一の水準で語られるべきではないこと、ルイスのような確率上での計算で、合理的な判断を提示する仕方では、ある種の危険な事態を推進する側の論理にしかなりえないこと、これはきわめて多くの示唆をなしてくれるものでした。

　フーコーの安全性とリスクの議論は、ご存じのように確率論的な計算による「統治論」の導入を、一時的にではあれきわめて強く主題化しております。統計的な計算と人口の管理、それを巡る衛生性の導入と近代という時代をかさねあわせてもおります。しかしまたフーコーは、統治という主題をそののちに、自己の存在の様式、自己の身体への配慮、自己の欲望への配慮に向けなおしてもいます。アガンベンは、そもそもベンヤミン的なメシアニズムの発想（つまりある意味での世界の終わり、人類の終わりという思念）をもちながら、こうしたフーコーの議論を、生物的身体と人間的生の関係にかさねていくでしょう。世界の存在が、確率統計的な部分でしかとらえられず、それが権力の発動に関するポイントとなること、だが同時にそうした確率計算がそれだけでは押さえることのできない一回性が、生という水準でとりあげられるべきこと、そしてそこには「生そのものの全面的解体」という事態もおりこまなければならないこと、それは加藤先生が『災害論』でとりあげておられる賭けに関するさまざまな議論、あるいはまさに現在崩壊しつつある金融資本主義における「金融工学」なる投資計算の理論の評価そのものにもつながります……しかしこれは、生権力論批判派の加藤先生には、たんなる

妄言にしかきこえないかもしれませんが……。

　いずれにせよ、檜垣の度重なる失礼な問いにさまざまな解答をお寄せいただき、たいへんに感謝しております。今回の『災害論』は、まさに現在以降の倫理や生を思考するためにも、また生権力の立場からもきわめて重大な問題提起を含んだものとして読ませていただきました。これらの話題に関しましては、もしお許しいただければ、また機会を改めまして、先生からさらに多くのご教示を賜る場をつくることができればと切に願う次第です。

　今後ともよろしくお願いもうしあげます。

加藤尚武・あとがき

　ミッシェル・フーコーの生まれ育った町、ポアチエは、パリから約300キロメートル南に位置し、ボルドーとのちょうど中間地点にある。小さな、しかし、驚くほど美しい町である。南北に2キロメートル、東西に1.6キロメートルほどの町のすべてを歩き尽くすのに半日あれば充分である。観光の名所となっているのは、11世紀に立てられたロマネスクの寺院や、ジャンヌ・ダルクが裁判を受けた裁判所などであるが、そうした名所を除けば人通りは少なく、坂道を登ったり降りたりする道で、19世紀にタイムスリップしたような感覚を味わうことができる。

　1926年にその町の外科医の息子として生まれ、進学をめぐって父との確執を経験し、いわば母に守られるようにして育ったフーコーが、同性愛者として厳しい偏見のまなざしに囲まれて苦しい青春時代を送ったことは、彼の数度にわたる自殺事件からも推測できる。

　支配する力、権力に抵抗するという姿勢を、特に表に出したりはしないで、理性、人間性、普遍的意志、正当性など、近代社会、啓蒙主義、古典主義の時代の文化の核心を、批判的に明らかにするような文化史的な仕事を彼は果たしたが、「権力」を明確に定義するようなことは、一度もなかった。彼の心には、青春時代に彼を死の淵に追いやった黒い風が、ほとんど見えているように思えていた。

I 「日本の生命倫理を総括する」(往復書簡) 加藤尚武 ⇄ 檜垣立哉

その晩年になると世間との緊張が解けることを彼は経験した。その理由は、「同性愛者であること」を隠す必要がなくなったからだろう。フーコーは、自分の心に感じていることに非常に忠実な人だから、その緊張の解除を言葉で表現した。戦いの心情は終わって、安らぎの時がきた。

ところが「ミッシェル・フーコー」は、すでに「近代批判」・「ポストモダン」という御神輿の上に乗せられていた。御神輿を担ぐ人々は、フーコーが「ポストモダン」という御神輿から降りることを許さない。そして「生権力」という改造した御神輿を作って、死んだフーコーを載せて担ごうとしている。

担ぎたがる人々は、「近代」という、「資本主義」、「民主主義」、「技術主義」などと重ね合わせることができる時代区分という段ボール箱があって、それを丸ごと「克服」する思想だけが、思想の名に値すると信じている。歴史区分という段ボール箱は不必要で、たえず発生し続ける権力性への、公衆衛生的な予防努力の持続が、肝心の点だという観点は、採用してもらえない。

「近代」を克服するには、「革命」という段ボール箱をひっくり返す一連の筋書きが必要になるのだが、フーコーの権力批判は、どこまでもムード的で革命の段取りには結びつかない。それなのに、「ポストモダン」という台座に載せることのできるのは、フーコー以外にはないと「生権力」の批判者は信じている。

フーコーの仕事を正面から受け止める仕方は何か。彼の「権力批判」を語りうるものに置き換えることである。ところが「権力」に「理性・普遍性」を私が対置しようとすれば、彼は私の腕をつかんで、「私は、理性・普遍性の耐え難さを語ってきたのですよ」と言うだろう。そこで私は「正常と異常を区別する判断は正常者が行う」というベイトソン的なダブルバインド定式のなかに、理性的な枠組みの問題性が示されているという提案をする。これはJ. S. ミルの政治論の文脈では、「少数者問題」としてしか処理されてこなかった問題だ。

この「正常と異常を区別する判断は正常者が行う」という定式の問題性を受け止めるような、合意形成のあり方を追求することが、フーコーを受け止めることだと、私は思う。

Ⅱ
シンポジウム
「21世紀における生命と人間」

シンポジウムの緒言

　以下に採録するのは、本研究の第18回セミナーとして、米本昌平氏（東京大学先端科学技術センター特任教授）と中村桂子氏（JT生命誌研究館館長）をお招きし、2011年7月11日に大阪大学医学部E講義室で行われたシンポジウムのテープ起こし原稿である。内容は両先生にご確認いただいた。

　お二人は、紹介するまでもないほど著名な方々であるが、米本氏は一面では優性学的な生命テクノロジーや地球環境などの問題について積極的に発言されるかたわら、このほどは『時間と生命』（書籍工房早山）という生気論生命論史とでもいえる書籍を出版され、それを軸に、きわめて刺激的なおはなしをうかがった。中村氏は、「生命誌」をキーワードに、おびただしい出版物、あるいは分子生物学のテクストの翻訳や編纂などで、まさに現在の「生命の時代」を論じる礎を築かれてきた方であり、このたびも、生命誌や生命の把握についての貴重なおはなしをいただいた。

　当日は、7月という季節はずれの台風の襲来のなか全学休講になってしまい、なかなか困難な状況であったにもかかわらず集まってくれた学生・観客の皆さんと、親密な議論ができたと考えている。両先生、お越しいただいた学生さん・観衆の方に感謝いたします。

（檜垣記）

1 生命誌のこれから――主客合一に注目して――

中村桂子

　3月11日という日に吹っ切れたという感じがしております。まとまった形ではまだ話せないのですが、近代化とその中で進めてきた科学技術社会の見直しは不可欠でしょう。この感覚は少なくとも生物研究をしている人たちにはあってよいのではないかと思っています。私の問いはとても単純で、生きているってどういうことだろうということです。なぜ生きているという問いを選んでいるかといえば、やっぱりこれが一番面白いし、一番考え甲斐があるし、一番身近だからです。自分が生きているのですから。この問いへのアプローチはいろいろあるでしょうが、私は具体で考えることしかできませんので、科学を基本に置いています。

　50年前大学生の時に出会ったのが生化学でした。さっきもう終わったと言われた、生化学のはじまりの頃でしたので、代謝が面白かった。その後DNAが登場したという時代です。米本さんはそういうところに「反」でいこうとおっしゃいましたが、私は中に入りながらどっぷりは浸からないという選択をしました。

　渡辺格、江上不二夫、富沢純一（小関治夫）という3人が私の先生です。なんと幸せかと思います。日本中見ても、この方たちが直接の先生だという人はいません。いろいろな偶然からそうなりました。この方たちは日本の生化学、分子生物学を作った方です。三人三様で、性格も、学問の進め方もまったく違うのですが、非常によく考えながら、新しいことに挑戦するというところは共通です。新しいものを作りながら常に今これではいけないのではないかということを考えてらしたので、それに多くを学びました。

　日本の生命科学の歴史はこの3人の先生を語らなければいけないのですが、時間がありませんので、先生方の時代を踏まえて、私の時代に起きたこと、

そこで考えなければならなかったことをお話します。一言で表わすなら経済優先社会の中で生命科学まで経済のための科学技術という位置づけになり、自然科学と言いながら、自然を見ず、むしろ破壊してきたのです。しかも、外の自然だけでなく、内なる自然、つまり人間という自然も壊れていくという時代になりました。これは違うという思いで、この40年間ほどを過してきました。

実は、この国の科学という言葉が私の目の前でなくなりました。学術審議会で科学という言葉が消されるのに出会い、それは困ると言ったのですが、そんな馬鹿なことを言っていると世界に伍していけないから、あなたはここにある科学技術という言葉を科学と読んでおきなさいと言われたのを覚えています。科学は考えることの一つのありようであって、科学技術の中には入らないと思うのに、それを消してしまったのです。その中では、生きているとはどういうことかなどという問いは成り立ちません。もう少しきちんとした言葉にするなら、自然、生命、人間を総合的に考えていこうという活動は成り立ちません。

そこで、自分の道を考えました。その頃フッサールの言葉に出会いました。『ヨーロッパの学問の危機』に向き合い、まず「学問の理念を単なる事実学に還元する実証主義的傾向」を指摘します。分子生物学はこのような生物学と見られています。本来はそうではない学問だと私は思っているのですが。そして、「学問の『危機』は学問が生に対する意義を喪失したところにある」と言います。フッサールはそこで生活世界と言う。私は現象学はよくわかりませんから、生活世界という言葉の中に含まれている深い意味は別として、学問が生活世界から離れていることに問題があるとは考えていましたので、生の喪失と生活世界に注目しました。

日本が自然科学をヨーロッパから取り入れた明治の初め、医学を学びにドイツへ行った代表が北里柴三郎でしたが、その一人に森鷗外がいました。鷗外がドイツで勉強したときの悩みを書いています。自分は「自然科学のうちで最も自然科学らしい医学を」学んでいると言います。医学がそうであるかどうかは別にして、森鷗外の言葉です。小説家として、生き物が生きている、

人間が生きているということを強くイメージしているために出てきた言葉だと思います。

　医学という人間を直接扱う学問を最も自然科学らしいと捉え、「exactな学問といふことを性命してゐるのになんとなく心の餓を感じてくる。生といふものを考える」と書いています。「生」というものを考える、「生きる」ということを考える、「自分のしてゐる事がその生の内容を充たすに足るかどうかだと思ふ」。もうこの時代に悩んでいるわけです。生き物を考える科学にはこういう悩みがいつもあるわけです。

　ドイツで日本の研究のありようを考えていて、「Forschung（英語ではinquiry）といふ意味の簡短で明確な日本語はない。研究なんていふぼんやりした語は、実際役に立たない」と言っているのです。内田義彦さんが、「『研究』以前のごく日常的な面、『研究』をこえて哲学に近づく面、この両方がinquiryという言葉、Forschungという言葉にはある」と書いています。これは日常語なのです。inquiry、辞書を引けば「探求する」と書いてありますが、inquiryという日常語の中にはとても日常的な面と哲学的な面が入っている。私たちは言葉の中にはいつもそういうことを入れているのですが、学問の述語を作るときにそれが消えます。研究という言葉をつくった途端に、日本人は日常と哲学を捨ててしまった。自然科学にとっても言葉は大事な問題だと思います。

　分子生物学で生命現象を解いていくことは必要ですし、面白いのですが、その中から何かが抜けている。生きているということを考える何かが抜けているということがとても気になっていたときにこれらに触れたのです。日常性も含めて、生き物全体を捉えたいと考えました。

　幸い、一つの細胞内のDNAのすべてをゲノムとして捉える視点が出始めていたこともあり、DNAを遺伝子という切り口で見るのでなくゲノムという全体を見ようと考え、生命誌を始めました。生命科学としてメカニカルな視点とバイタリズムとを対立させるのではなく、生き物として出来上がったものを機械論的に見て分析することで理解しようとするのではないアプローチを考えたのです。当たり前のことですが、生き物は生まれてくるものです。

日常としては生き物は生まれてくると誰もが知っている。ところが学問ではそのように見ていないのです。そこで生まれてくるものとして見てみようと思ったのです。私は両親から生まれ、両親はそのまた両親から生まれたとして溯ることで生命の歴史が見えます。それから一人の人間が生まれて育つという過程を考えることも必要です。どちらにも時間があります。時間が入った考え方をしようと思ったのです。

　そこで生命科学ではなく生命誌 biohistory を始めました。この時ギリシャ哲学の藤沢令夫先生に、現在の科学という言葉から消えてしまった時間や全体を取り戻すために、history として考えてみたいとお話ししました。先生は、君は本当に history がわかっているのかね、と言われてギリシャ語辞典で説明して下さいました。history という言葉はまず inquire into ということだ。inquire すると、人間の性としてそれを記録していく、記していった結果は歴史として残る。history は inquire、記す、歴史となるわけです。history を見つけたのはとても良いのだが、そこまでわかって仕事を進めるようにと教えて下さいました。

　当時は、総合的な知を作り出すには学際が必要だと言われていました。たとえば生物学と社会学とが一緒になれば、人間に関する新しい知が生まれるだろうという動きです。でもこれは不毛でした。当然です。学問はそれ自体すでに偏っているわけですから。たとえば生物学と連続した中で日常を考える。子供を育てるとか、お料理をするとかという日常。そこには生きているということがたくさん潜んでいる。それからもう一つは、自然そのものを見ていくと、そこには生き物がたくさんいますし宇宙ともつながっている。そのように生き物について考えるうちに人間とは何かという哲学にも関心がわきます。

　このように、狭い学問にとどまらず日常や哲学へと広げますと、そこから他の学問への関心が生まれてくる。それをつなげていくことで全体を考えるという方法が生まれます。このような関心を持ち始めた異分野の人が語り合うと新しい統合が生まれるでしょう（図1）。生物を基本にしながらこれを考えていきたいと思いました。分子生物学からはすでに機械論から外れている

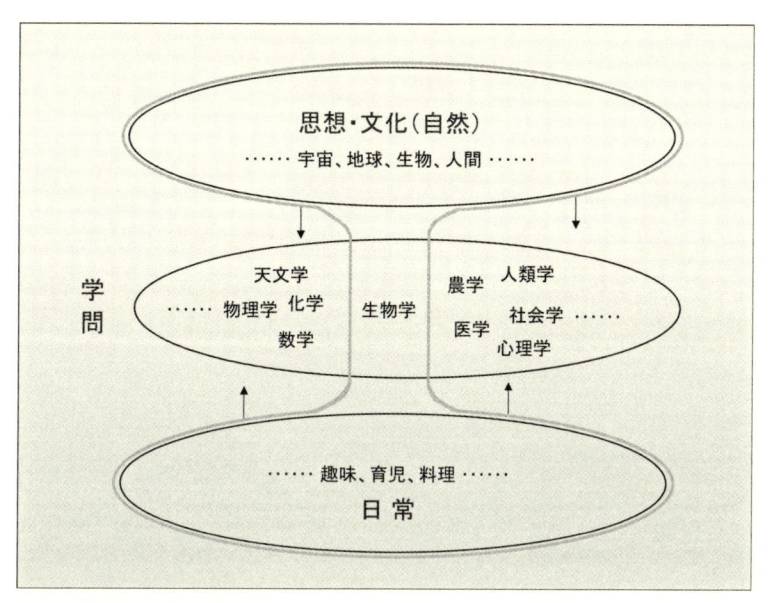

```
┌─────────────────────────────────────────┐
│           ╱────────────────╲            │
│          ╱  思想・文化（自然） ╲           │
│         │ ……宇宙、地球、生物、人間…… │       │
│          ╲                ╱            │
│           ╲──────┬───┬───╱             │
│                  ↓   ↓                  │
│      ╱───────────╲ ╱───────────╲       │
│ 学   │  天文学    │ │ 農学 人類学 │       │
│ 問   │……物理学 化学│生│ 医学 社会学…│      │
│      │    数学    │物│    心理学  │      │
│      ╲───────────╱学╲───────────╱       │
│                  ↑   ↑                  │
│           ╱──────┴───┴───╲             │
│          ╱  ……趣味、育児、料理…… ╲       │
│         │         日常          │       │
│          ╲                ╱            │
│           ╲──────────────╱             │
└─────────────────────────────────────────┘
```

図1　思想・文化・日常

事実がたくさん出ていました。細かい話をする時間はありませんが、新しい事実を教えてくれる分子生物学を捨てずに機械論から離れ、生命誌を作りあげたいと思いました。

　分子生物学ですから DNA を基盤に置きますが、DNA をどう見るかが大事です。遺伝子というメカニズムを動かす因子と見れば、機械としての構造と機能がわかれば生き物はわかるという考え方で究めていくことになります。一方 DNA をゲノムとして見ると違います。ゲノムをどう見るかということを話す余裕はありませんので、ゲノムプロジェクトで進められているゲノムと、生命誌でのゲノムは違うということだけ申し上げておきます。生き物の時間と全体を考える一つの切り口です。ゲノムは生命を知るためのアーカイブとして見ていくのです。全体を見たり個別を見たりして、そこから関係や変化を見ます。

　そうすると、究めるのではなく物語ることになるだろう。この「物語る」が生命誌のキーワードの一つです。この考え方を生命誌絵巻にまとめました

Ⅱ　シンポジウム　「21世紀における生命と人間」

図2　生命誌絵巻　　　　　　　【生命誌絵巻】協力：団まりな　画：橋本律子

（図2）。扇の縁が現在で、数千万種もの多様な生き物たちが存在します。それは38億年ほど前に地球の海の中で生まれた祖先から生まれている。大事なことはあらゆる生き物が38億年という歴史を持っているということです。バクテリアを下に描いて人間を上に描くという描き方はしない。全ての生き物が38億年の歴史を抱え込んでいる。生きていくとはその時間を、開いていくことです。その時間が読み解かれていく。物語は生き物を調べて綴っていくという意味の物語るというよりは、むしろ生き物自身がDNAというアーカイブを読み解いて環境の中で活動していく様子を物語りとして見るということです。

　この図で大事なのは、人間がこの中にいるということです。例えば原子力発電。私は原子力発電という技術そのものをすべて否定するつもりはありません。開発された技術を今の形で使うことがいいかどうかは別ですけれども、原子の中からコントロールしながらエネルギーを取り出すという技術を開発したことを人間の歴史の一幕として否定するつもりはありません。ただ、技

術の使い方を考えるときに私たちがこの扇の中にいるという発想をしているとは思えないところが気になります。人間はこの扇の外にいると考えているのではないかと思います。生命誌では進化、発生、それが作った生態系というこの3つを見ていくことで、共通であり多様である生き物たちの物語をどう語っていけるかと考えています。それを語っていこうとすると、生気論ではありませんが、単なる機械論で考えていたのでは語れないことがたくさんあります。

　今日お配りした生命誌研究館のパンフレットにありますように、自然から読み取ったことをいかに表現するか、自分たちの考えていることをいかに表現するかという課題があります。表現することを通して考えていこうというグループを作って動かしています。狙いはそこから今の科学が研究という言葉によって捨ててしまったものを組み込んだ知を作ることです。小さなグループですから社会を動かすようなことはできませんけれど、生きていることを基本においた社会システムを考えるところに少しでも発信していこうと考

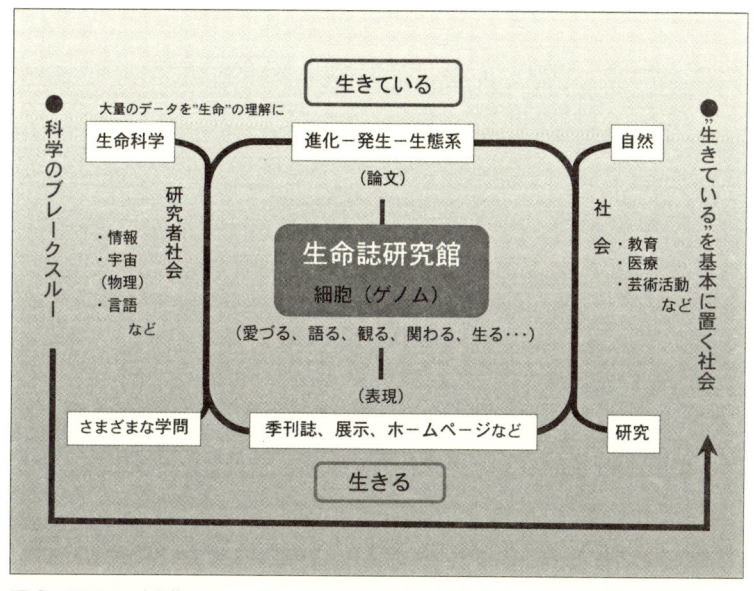

図3　BRHの活動

えています（図3）。

　最初に申しましたように、経済優先、技術優先の中で生き物が悲鳴をあげているというのが私の実感です。そこで生きるということを考えるところから出発したい。吹っ切れたと申しましたのはここです。経済ももちろん大事、技術も大事だけれど、生きているということを基盤に全てを考えることです。実は大昔はそうだったのです。

　先ほどご紹介くださった『自己創出する生命』に書いた表です。人と自然が一体で、アニミズムの中で狩猟や採集をしていた時代があります。神話の時代です。その後ギリシャ、キリスト教、科学の時代が来るという形で変わっていくわけです。まず神様と人と自然の関係が変わります。キリスト教で絶対の神様と特別に創られた人と自然の関係となり、その後科学は神様を消し人を絶対にし、自然と対するようにしました。そこから脱して生命を基盤にした新しい関係をつくりたい。この気持ちは変わっていないのですが、これまでは、科学という知を大事にしたいという気持ちがとても強かったのです。理性をベースに来たこれまでの歴史は大事にしたうえで、ブレイクスルーを探したいと考えてきました。3.11で吹っ切れたのは、理性を考え直したいということです。どういう言い方をしたらいいか難しいのですが。数日前に届いた雑誌で「理性の限界」が議論されていました。

　どういう知になるかまだわかりません。日本は明治時代に近代を取り入れて、いわゆる先進国となったのですが、3.11のあとの人々の行動を見ていると、今も古くから日本の文化の中にあったものを残していると感じます。自然との深い関係です。ネイティブアメリカンや、アボリジニとは異なり現代文明を身につけた社会に古いものがあるのが特徴です。私たちは無理してそれをおさえつけて来たのではないかと思います。

　金融市場原理と科学技術を金科玉条にした社会をつくっていくために、外の自然も内の自然も壊してきた。これをなんとかしたいと思っている中で、3.11は自然が原発事故を起こし、更に人と自然を壊したわけです。自然にそのような大きな力があることは当然わかっていたのですが、私は、人による自然の破壊だけ描いて、自然側からの破壊を描き込んでいなかったのです。

実は自然の方がすごいということを改めて知り、近代を作ってきた価値は根本から考え直さなければいけないと思います。

　そこで最近、日本人の考え方を少し勉強し始めました。一つ、筑波大学の伊藤益さんのお書きになった「日本人の知」が面白かった。普通は日本は感覚的と言ってしまいます。主観と客観を分けて、デカルト的に考えることは全部否定して感覚的に総合を受け入れているとされます。日本文化を語るとそうなります。それでは未来にはつながりません。ここでは日本は主客合一的な知だと言っています。主客弁別的な知とは違うけれども、それはけっしてただの感覚ではなく、対象を一回客体化して、それを主体化の意味の世界へ取り込むというのです。

　能などを例に、理性はありながら、身をもって感じるというところを非常に大事にする、主客の一体化に日本人の知があると言っています。これは一つの説ですが、今までの日本文化論に比べると分子生物学を踏まえて考えるのにはとても考えやすいものです。

　実はこれまでも、基本に「愛づる」という言葉を置いてきました。愛づるはラブではなく、フィリアー、フィロソフィーの知を愛するの愛です。「虫愛づる姫君」という平安時代のお姫様。この方は虫が大好きで、男の子たちに虫を集めさせて名前をつけます。一番私が感心するところです。物事に名前をつけるというところがとても大事。名前をつけてその虫を可愛がる。まわりの人は毛虫など汚いというのですが、「蝶になるとみんな綺麗と言うけれども、その蝶に変わる大本の生きる力はこの毛虫の中にある。それをしっかり観察することがとても大事です」と言う。本地たずぬると彼女は言っているのですが、これは本質という意味です。仏教用語ですが、物語りの中で本地という言葉が使われたのはこれが初めてだそうです。本質を見ましょうと言う。そこから生まれる知的な愛。これは生き物研究の基本です。

　短い物語ですが、中に多くが入っている。物語ですけれど、日本文化の中にそういうものがあることを示していると思ってこの姫にはずっと注目してきました。伊藤さんの指摘を踏まえて日本の自然と人間との関わりを更に考えたいと今思っています。

2 生気論とは何であったか

米本昌平

　実は、檜垣先生からメールをいただいて、反射的にお断りしようと思ったのですけれども、中村桂子先生がお出になる以上、もうこれは出ないわけにはいかないと思い直しました。いま、檜垣先生に過分のご紹介をいただきましたが、私は給料をもらって研究をしましたのは、三菱化学生命科学研究所社会生命科学研究室に属していた時間が大半です。ここの研究所に私は、文字通り、中村室長に拾われました。ここではそれ以前の話をしたいと思います。

　私は、非常に人見知りのきつい子供でした。いじめもあり、学校に行くのが嫌で嫌でしかたがなく、昆虫採集などをしていました。そうして育った田舎の高校生からみると、当時の京都大学理学部は、反権威・反権力・反中央のイメージがあり、鬱積したものを感じていた若者からすると憧れでした。そこに入ったのですけれども、二年目に大学紛争が起こりました。これで自分のなかで価値観がひっくり返りました。憧れであった対象は反転し、一生をかけて潰すべきものに映りました。

　結局、学生の身のものがどれだけ大学を批判しようが、また実際に眼前で衝突がいくら起こって犠牲者が出ようが、何も変わらない、これを実感いたしました。それで、一流の研究は一流の大学や研究所でなければできない、という社会通念を壊すしかないと考えるようになりました。どこにでもいるサラリーマンが在野で、何か学問的な成果をあげ、普通の人間でもこれだけのことができるのに、しかるに京都大学理学部の教官たちは何をやっているのか。一生のうち一度、この一言を言うために、残る人生を設計してしまいました。こう言うと、何かすごい決断をしたように聞こえるかも知れませんが、当時は周りに大学紛争の犠牲者がごろごろおり、変わった考え方ではな

かったと信じています。郷里に帰って企業に就職しようと思い、地場の証券会社に、メーカーでも紹介してもらおうと話しを聞きにいきました。すると、うちに来ませんかと言われ、そのまま、お願いします、と就職しました。そこでは主に企業取材をして、顧客向けの資料を作っていました。

　昼間、会社で働きながら何か研究ができるか考えると、消去法で科学史くらいしかありません。学生のときは学校へほとんど行かなかったのですが、その類の学生でも、寺本英教授の研究室は認めていました。私は、かなり長い間、大学生というのは手負いの狼みたいに、ともかく教官が何か言ったら批判的な態度を取るものだと思い込んでいました。初めて大学の非常勤で授業をしたとき、学生と目を合わせるのがこわくて、ずっと横向きで喋っていました。半年ぐらいして目を合わせてみて、昔の連中と違うことに気がつきました。学生が、妙におとなしいことに愕然としました。

　少し戻りますが、私は山岳部に入りたくて、京大にいった面もあり、大学紛争の肝心の時にインドに行っておりました。このときの罪悪感、自責の念が大きく、一生涯、アカデミズムを外から批判し続けようと、心に決めました。紛争時、京大教養部はバリケード封鎖され、そのなかで「反大学自主講座」が開かれていた。何でも「反」をつけ、反国家論、反歴史論などという、内容はともかく、当時の精神を反映した自主講座がありました。そのなかに「反分子生物学講座」があった。吉井良三先生の『洞穴から生物学へ』（NHKブックス、1970 年）という本に、「幻の反分子生物学講座」という項があります。ご自分は教官であるためバリケードの中に入れず、講義は聞くことはできなかったけれども、自分ならこういう講義をする、ということが書かれてあります。当時、私もこれに近い気分にあり、科学哲学の教科書には目的論はだめだと書いてあるけれども、生物学と目的論の関係を、もう一度、徹底的に考える人間がいてもいいのではないか、と思いました。

　こうして学生時代に、生物学研究の一部として目的論をやりたいと思ったのですが、これには、予想外にひどい扱いをうけました。一言、「お前はあほか」で抹殺に近い関係になるのです。そんな中、私が 4 回生になった年、山梨大学から動物学教室に着任された白上謙一教授という方は変わった人だと

いううわさを聞き、議論をいどむつもりで研究室を訪ねてみました。すると白上先生は平然と、「発生学と目的論をやってみたいならこの本を読まないと」と、ぽんとドイツ語の本を示された。私は仰天しました。生物学と目的論という課題で、まともに話をきいてくれる教官であるだけでなく、20世紀前半に同じようなことを考えた発生学者がいたことを、あたりまえのこととして語ってくれたからです。それはハンス・ドリーシュという、発生学から哲学に転向した学者で、この人は一生涯、誤った学説を主張し続けたということになっていました。しかし、かりに間違っていたとしても、わずか30年ほど前に亡くなった研究者が、どんなことを考えていたのか、知っておいてもいいと思いました。当時、英語しか読めなかったのですが、大学図書館でカードを調べていると、1冊、ドリーシュ著『個体性の問題』という英語の本がありました。それを借り出してみると、これがまさに彼の「新生気論」の解説書であることがわかりました。

　ハンス・ドリーシュは、エンテリヒーという非科学的な概念を主張したことになっています。しかし、彼の著作を冷静に読んで、現代の言葉に移すと、エンテレヒーは「情報性」を供給する自然的な因子であったことになる。それは、情報概念ではないのですが、秩序を供給する自然因子であり、このような作用因がない限り、生命現象は生じえないというのが彼の主張の核心です。自然である生命現象には合目的的な現象がたくさんあり、この現象を律しているのがエンテリヒーである。ドリーシュは、エンテリヒーは秩序の供給源だという言い方をします。こんな課題を、理学部の中でやるわけにはいかないと思い、このテーマを抱えたまま、在野で生きることにいたしました。

　結局、学問っていうのは自分の資力で道楽としてやるべきことだと思います。もし、他人の援助を仰ぐとしたら、食客の身であり、ある種の節度があるべきだと思っています。どうも一生在野でいようと思ったのですが、人生最後に間違って大学の先生になっております。大学の先生というのは、私としてはたいへん落ち着かない（笑）。

　白上謙一氏という発生学者は、非常に幅広に本をお読みになった方です。氏の『本の話』という本の中にこんなことが書いてあります。「本はともかく

すぐ買いなさい。しかし、買ってもすぐ読む必要はない。ともかく自分が読もうと思う本は置いておくだけで、頁をひらかないでも読めてしまうものだ」と、極意が書いてあります。

　中村先生に拾われて社会生命科学研究室に私が入りました時、この研究室では、アメリカで始まっていた遺伝子組み換え論争を体系的に分析することを行っていました。すでに、遺伝子組み換え論争の一部として、人間の遺伝的操作につながる恐れがある、という指摘が出ていました。そこで、私は優生学史をやることにいたしました。いまから振り返れば、この研究室はバイオエシックスという課題を、実証的にやってきたところだと思います。それで50歳代の終わりになって、はっと気がついたことは、若いときに苦しんだ生命論の課題を棚上げにした形で、隠れキリシタンのまま死ぬのはまずいなあということです。それでドリーシュの英文の『生気論の歴史と理論』を訳しました。誰か、そうかそういうことがあるのかと気づいて、ちゃんとドイツ語から訳してくれるだろうことを期待し、『個体性の問題』と併せて訳したのですが、全然反応がなかった。

　そもそも人間は、自分の考えたことをすぐ発表するものではないと思っていました。昔の人間は、一生に一冊か二冊しか本は書かなくて、だいたい死後出版です。私も、本当に言いたいことは、死んでから活字になれば、まあいいだろうと思っていました。ところがあるとき、なぜか三浦雅士氏からご本をいただいたのですが、その巻頭のエッセイに60歳の変身のことが書いてありました。それによりますと、実は少なくない人が、60歳になるまで我慢して世俗的に普通のやりとりをしてきたのだが、60歳を過ぎると、それまで伏せていたことを平然と書くようになる、ということが指摘してありました。確かそこには、ホワイトヘッドや西田幾多郎のことが書いてあったような気がします。人生の多くの時間を我慢して研究してきて、周囲とそれなりの付き合いをしてくるのだけれども、60歳超えるとたがが外れたように好きなことを書くようになる、という論考です。あっ、そうか、そういう考え方をすればいいのか、と膝を打ちました。

　それで、いまは自由の身に近いので、本当にやりたかったことをやろうと

思いました。生気論vs機械論という二項対立図式は、きわめて根が深いものです。歴史的な経過を説得力ある形で示すために、資料の翻訳と私の論考を重ねた形の本を出そうと思いました。最初の計画は頓挫し、それで自費出版を考えました。その計画を、書籍工房早山の早山隆邦氏が快く引き受けてくれました。実際にやってみると、自分の金で好きなように書き、好きなように図を入れられることの快感を覚えてしまいました。しかし、こうして本にしてみると、後半は考えていたことの半分くらいしか言い表せていない感じです。それでこの問題について人前で本格的にお話しすることは、控えることにしています。ここでは、Vitalismus という言葉の意味内容とは歴史的にはどんなものであったのか、についてだけ述べたいと思います。

　今日、常識になっている次のような生命観があります。昔から、機械論（Mechanismus）対 生気論（Vitalismus）という対立する生命観があり、科学が進むにつれて Mechanismus が勝利を収めるようになった、というものです。私の見解では、このような教科書的な歴史観は、1905 年にドリーシュが書いた『生気論の歴史』という本への反動の産物である、というものです。『生気論の歴史』という本は、ドリーシュの立場から、歴史上誰が生気論者に相当するかを順に並べたものです。その後、1909 年にドリーシュが『有機体の哲学』という本を著し、生命論で成功を収めると、これに対する批判派が、『生気論の歴史』であげられている人物をそのまま、否定すべき対象と受け取り、これが一般化されて、現在の教科書的史観が作り上げられてきた、と私は思います。

　実は、Mechanismus と Vitalismus の対立というのは、19 世紀においては明解な内容をもつ言葉でした。つまり、19 世紀的な自然科学において、究極の説明モデルであるニュートン力学は一般化できるし、そういう自然哲学を貫徹すべきという立場が Mechanismus です。自然現象はすべて、粒子の無機的運動で説明できるはずであり、それをさらに一般化したのが因果論的説明であるとする考え方です。こういう自然に対する態度が 19 世紀科学の基礎にありました。そして、生命の領域に関してこれを否定するのが Vitalismus という立場でした。19 世紀の科学的精神としては Mechanismus が勝利する

はずであり、この考え方を生物学の領域で集大成したのが、エルンスト・ヘッケルだと思います。ヘッケルはダーウィンの自然淘汰説を全生命現象に対する因果論的説明であると確信しました。生命現象に満ち溢れる目的論的な現象に対する、因果論的説明をダーウィンが発見したのだと考えた。そして、世界中を進化論の立場からすべて語り尽くそうとした。こうして実際に語り尽くすことで、神による創造という介入がなくても科学的な自然観が完結するものであり、これを実際にやってみせることが、ヘッケルが生涯を通してやったことだと思います。

別の言い方をしますと、Mechanismus とは世界の力学的包摂という自然哲学を意味し、未知な領域にはとりあえず無機的な説明原理をおく、という自然に対する哲学的方法論を貫徹する態度を意味します。このような自然哲学はとくに生命現象に対しては無理である、というのが Vitalismus です。それは、アンチ Mechanismus という自然哲学であることになります。

私の職場で教授会レクチャーというのがあり、ここで紹介された最近の動きに、「生化学の時代の終わり」という内容のものがありました。*Nature chemical biology* の 09 年 11 月号の特集がそれです。ここで指摘されているのは、これまでのタンパク質研究は、タンパク質分子を純粋な形で取り出し、その水溶液中での物性を確定していくことであった。それはそれで認めるが、最近、測定技術が非常に向上し、どうもこれまで見ていたものとは全然違う次元での反応が生体内では起こっている、という見方です。生化学が行ってきた物性研究はそれ自体、科学的な成果であるが、その結果をもって、生体内で同じことが起こっていると考えてきた。しかし、生体内の反応は、これとは全然違う次元の反応連鎖が起こっているのではないのか、というのがこの特集の主旨です。考えてみると、タンパク質があんなに複雑な立体構造をしているのは、それらの間で、古典的な物理化学の概念以外の反応連鎖を機能させているからだと解釈して、ぜんぜんおかしくない。研究者の多くは直感的にそう思い始めていて、これは一にも二にも観測技術の限界のせいで、細胞内反応の多くは、ほんとうは把握しきれていないのだろう、と考えるようになっています。

ここでもう一度、生気論に戻りますが、ドリーシュは、1909年に *Philosophie des Organischen* という生命論の大著を書きます。他にも多数著しますが、いま読んでいちばんまともなのが、この本だと思います。その主張の核心はこうです。彼は、発生現象から、多様度（Mannichfaltigkeitsgrad）あるいは秩序の概念を抽出し、多様性の増加が生命現象に現にある限り、この多様度がどこからか供給されないといけない。多様性の根源は自然界のどこかに存在するはずで、その供給源から顕現してくるはずだと考えました。彼も19世紀的な自然観のうちに生きていました。これによれば、自然空間は古典物理学が支配しているはずであり、一方で、因果論に立つと、古典物理学の対象以外の「秩序」が眼前の生命現象には供給されている。だとすれば空間を越えた「metaphysical」な、しかしなお自然の領域に属す秩序の供給源（エンテレヒー）が存在すると考える以外にない、と言うのです。これが、生命現象は Mechanismus では説明しきれないとする論理です。

この時点でしばらく自然哲学的にはにらみ合いの状態になるのですが、1929年から30年ごろ、論理実証主義が勃興し、理論的な攻撃対象とされるのがハンス・ドリーシュです。論理立証主義は、全自然科学を物理科学のうえに統一しようとする哲学運動で、ウィーン学派とも言います。この学派が「ハンス・ドリーシュは非科学の代表」という解釈を、定番化させます。そして戦後、「ハンス・ドリーシュは非科学の極致」という解釈が広まり、さらに1960年代後半から、フランシス・クリックのような影響力のある分子生物学者が反生気論のキャンペーンを精力的に始めました。この結果、20世紀後半には、生命現象から直接に抽象化を行おうとする情熱は、ほとんど絶滅し、今日に至っているのだと思います。

19世紀は、私の見るところ「大因果論化の時代」でした。1892年に、オウガスト・ワイズマンが『生殖質説』という学説をまとめます。ワイズマンという人は発生学者だったのですが、精度が上がり始めていた顕微鏡をのぞきすぎて目を悪くしてしまい、それで理論をやろうとした。当時、細胞分裂の際、種ごとに染色体が違う形をとることがはっきりしてきました。そこで、ワイズマンはここに生物の形態発生の原因群を見たのです。形態の発生のた

めには、なにかの原因の集塊があり、それが不均等に分配されていって、巨大なドミノ倒しのように組織分化が起こる、その原因の集塊こそが染色体であるとする仮説を立てたのです。ハンス・ドリーシュは、ウニの初期卵割の実験で、この有力な学説を否定できたと考えた。しかし20世紀に入って、同じ発生学者であるアメリカのハント・モーガンが、ショウジョウバエの唾腺の巨大染色体を利用して、ワイズマン学説という観念的な自然解釈をいったん否定した上で、突然変異個体と染色体の縞模様のわずかな変化の相関関係を見つけ、膨大な交配実験を開始して1920年代に「染色体遺伝子説」を確立しました。モーガンは徹底して実験実証主義に立って、その上で遺伝子が染色体上にのっていると仮定して、二つの変異の連鎖比率などから原因遺伝子の距離を理論的に出したりして、「染色体遺伝子説」を確立しました。昆虫を対象とした研究者で、初めてノーベル医学生理学賞を受賞しました。

　これがメンデル遺伝学を実験に移行させたもので、現代遺伝学の出発点とも言われます。しかし、現在の生物学の精神もその延長線上にあり、DNAという巨大分子を遺伝的な原因群だと読み込みすぎてきたのではないか、と私は疑っています。DNAの分子的実体があまりにもピッタリと、それまで遺伝の原因として、19世紀以来の科学的な感覚で想定していたものに該当したものであった。だから、遺伝の原因がDNAの上にあると、一時は直感的に思いすぎた感があります。DNA分子一つとり上げても、よく考えてみると、不思議なことがいっぱいある。分子生物学は生化学からみると、異端的な自然観、分子観の上にたっています。古典物理学では、分子は完全にランダムな運動だけをするもので、分子の配列は全く意味をもたない。ところが、分子生物学は当然な顔をして、分子が情報の担体であることを、その学問の基礎にしています。そして、分子生物学を確立した世代の科学者は、この分子生物学と古典力学との間にある断絶を強調するのではなく、逆に物理化学との連続性を強調し、これが生気論に対する勝利だとする自然観を強調してきました。

　たとえば、DNAを説明するときに、その塩基の部分を当たり前のことのように、A、T、C、Gと記号化します。けれどもここには「記号化の罠」が

あります。というのも、DNA 分子は、きわめて単純な物質でできており、単なる紐です。教科書では、これを記号の配列 A、T、C、G で著し、こんなわずかな分子的差異を、別の分子がまったく誤りなく読んでいく不思議を除去してしまいます。なぜ分子レベルでこんな正確な解読が起こりえるのかについては、疑問など生じないように説明をしてしまっているのだ、と思います。

　先ほどの *Nature Chemical Biology* の09年11月号の記事に戻りますと、現在の最先端の研究者は直感的に、細胞内反応についてこれまでの教科書が扱っていないような次元のものを把握しようとしています。一方で、19世紀末の生物学の論文を読んでみますと、細胞内は古典的な物理法則が貫徹する単なる水だと、信じていました。一方、現代の科学者は、細胞内反応は、立体的構造が極めて複雑で、恐ろしく多様なタンパク質の間で、これまで考察の対象にしてこなかった次元の反応連鎖があり、それがきわめて重要な機能を担っているだろうと考え始めている。たんぱく質研究の還元主義の時代の終わりを、はっきり意識し始めているのです。それは、19世紀的な概念では「生気論」に該当し、これに分類される「細胞内反応」観です。

　ただし、ドリーシュが、生命現象の説明は、物理化学ではだめだと確信したのは、分子の次元ではなく、発生における形態形成についての考察からでした。ですから現在の、生物化学の研究者が到達した見解が、19世紀的な自然哲学からすると生気論に該当すると言ってしまうと、誤解が生じる恐れもあります。むしろ、量子力学の一大権威となった、ニルス・ボーアが1933年に行った講演「光と生命」のなかで論じた、生命現象を分子レベルで把握することの不可能性の方が、今日の生物化学の到達した「細胞内反応」観と、あえて言えば、近いのだろうと思います。

　この講演でボーアは、量子力学における観測の相補性原理を持ち出して、物理学的手法による生命現象が把握不可能であることを述べました。簡単に言えば、物理学的分析のためには生物を殺さなくてはならないが、それによって生物は生きている状態ではなくなる、ということです。この講演を聞いていた若手研究者は、ボーアが何か新しいアイデアを出すのではなく、物理化学にとっての不可能性を指摘して、生気論同然の見解を述べたとして反発

しました。ともかくこの講演が、逆説的な意味でも、有能な若手研究者を分子生物学の方向へと駆り立てる、きっかけの一つになったのです。

ともかく、私の立場は、19世紀的な科学的良識から極力脱出し、そこから抜け出た地点で、論理的な展開可能性という一点に立脚して、知的アクロバットをしてみせる人間もいてもいいのではないか、と考えるものです。『時間と生命』は私の道楽で出した本で、まんいち、貴重な時間を割いてお読みいただくことがあるのなら、まったく申し訳ないことだと思っております。

問題にしていただいただけで有難いことです。私は若い時から本当のことは簡単に言わないものだと思っておりましたので、もう数年先にまた次の本を書けるといいなと思います。

Ⅲ
3.11後の生命と社会

1 〈放射能国家〉の生政治

金森　修

「堕落するのは決して幼少の人々ではない。人々が身を滅ぼすのは、成熟した人間たちがすでに腐敗しているときだけである。」
（モンテスキュー『法の精神』第1部第4編第5章、野田良之他訳）

1 〈ならずもの国家〉と放射能

　この論攷は、やはり或る種の絶望感から始めるしかないだろう。以下、やや感情的な表現も散見されるだろうが、国家が原発事故に対して行ってきた一連の事象を巡り、2011年9月初頭の時点で〈中立的観察者〉ではとうていいられないと感じたということは事実として留まり、怒りや焦燥感という情念が執筆の動機になっている以上、それはそれで致し方ないと考えている。国内の一生活者の中にその種の情念が沸き起こらざるをえなかったということもまた、一つの資料かつ史料として、将来役立つ可能性もあるからだ。

　A）2011年3月11日、誰もが息をのんだ地震と津波の猛威。そして、福島第一原発での事故。原発事故は史上最悪のレベルにまで肉薄し[1]、2011年初秋現在、依然収束していない。日本人は伝統的に海と深い繋がりをもちながら生活してきた国民だが、その海に厖大な量の放射性物質を垂れ流し、現時点でさえ、地下水経由での漏洩が続いている可能性もある。放射性沃素の半減期は比較的短いから、その影響は相対的に短いと見なしていいのかもしれない。だが、放射性セシウムや放射性ストロンチウムの場合は30年前後の半減期をもつので、要するに、今後二、三世代ほどに亘って、たえずわれわれは、放射能汚染を頭のどこかに入れながら人生を送らねばならないことになる[2]。海洋へのこれだけの大規模汚染は人類史上でも数えるほどしかなく、

III 3.11後の生命と社会

また日本人のように一億を超える大規模〈人口〉への長期間の低線量被曝や多重的な内部被曝についても、同様である。それらの影響については、ほぼ前代未聞の〈実験〉が向こう数十年に亘って日本人、または近隣周辺国の国民を相手に繰り広げられることになる。われわれは〈放射能国家〉を生きることになるのだ。

　そんな中で、この状況判断のことを悲観的すぎるとか、まだ不確定要素が多すぎて、どの程度の影響になるか分からないと言い続ける人も少なくない。果ては、まだほとんど誰も死んでいないのだから、報道や議論、政府の施策が大げさにすぎると宣う輩まで出現する有り様だ。こんな体たらくを晒すこの国にあって、われわれは、この破局的な事故の後、どのようなことがいわれたのか、どのように事態が社会的に収束されようとしたのかをも込みで、それを〈生政治学〉的な観点から見直すことが可能だ。この破局的事態は、まさに生政治的な分析視座を透過させると、その国家像や社会像により際立った特徴が露顕するような構造になっている。もちろん、それは生政治に関心をもつ純粋に学問的な眼差しにとってさえ、〈好機〉と呼ぶにはあまりに悲惨な事態である。ともあれ、本稿では、その問題意識に即して、事故後数ヶ月がたった時点で少なくともいえることを、述べておきたいと思う。

　誰もがそう思うだろう、これほどの大事件が起きたにもかかわらず、政府と行政機関がとった対応は実に緩慢で、隠蔽的、逃げ腰風の責任逃れがあからさまだった、と。誰もが固唾をのんだ事故直後の数日間、自衛隊ヘリコプターで若干水をかけたり、というような、実効性に乏しい処置しかとれないほどに、事故に対する政府の評価は甘かったということか。同時に、もし第一原発が最悪の経路を辿れば文字どおり世界的な破局になることを誰よりも分かっていたはずの日本の科学者、技術者たちは、その間、いったい何をやっていたのだろうか。テレビなどでの連日に及ぶ〈専門家〉による解説も、東電側の限定的情報に業を煮やしながらも、同時に、それほど大したことではないとか、限定的影響しかない、飛行機旅行でも被曝するし、そもそも自然界からでも日常的に被曝している云々という、素人相手にその場をやりすごすような内容に終始した、といっては言い過ぎだろうか。

政府も、〈専門家〉たちも、実際にはメルトダウンが起こっているはずだということはそうとう早くから分かっていたはずだし[3]、また、水素爆発直後の風向きのせいで多くの放射性物質が飛散した、原発からみて北西部にある地域は、他の地域よりも一層危険性が高いということも分かっていたはずだ。政府がしょせんは素人集団にすぎないというのはよく分かる。しかしそれならなぜ政府は、より的確な手法で、またより迅速かつより広範に、日本全国にたくさんいるその道の専門家たちの意見を聞こうとしなかったのだろうか。
　それと相即的に、別に直接自分に責任はなくとも、または直接関係する機関に所属してはいなくても、最悪経路の場合の影響の甚大さを考えるなら、なぜ科学・技術者集団は自らより積極的に事故の影響を極小に抑えるための手段を発案・提言しなかったのだろうか。
　最初の二週間に、政府、科学・技術者集団の方針や行動がより迅速でより適切なものだったとすれば、事故の規模があれほど大きなものにはならなかった可能性があるし、また被曝者の数や汚染地域がこれほど大規模なものにならなかったという可能性もある。初動での、政府や科学・技術者の無策、隠蔽、やり過ごしは、取り返しの付かない帰結をもたらした。また、そのような政府の対応を批判はしながらも、決定的な批判はせず、また話させる〈専門家〉選択において或る程度の自由度はあったはずにもかかわらず、あのような〈専門家〉たちに安全、安全と連呼させていたジャーナリズムにも、そうとうに大きな責任はある[4]。政府、科学・技術者集団、ジャーナリズム、そのそれぞれが、充分に自己の職責を果たすこともなく、その場その場をやりすごすような形で時間をつぶし、結果的には全世界にその影響が及ぶような規模の事故を起こしてしまった[5]。そして、多くの人間たちに既に被曝させ、さらにはこれから被曝させるという汚染国土を残してしまったということだ。
　私は必ずしも、〈責任論〉を好まない。だが、それにしても、例えば原子力安全委員会という、この問題に最も直接に関わる機関の長を務めながら、これだけの事故を起こしてしまったという状況の中で、本気で責任を感じるわけでもなく、その地位に安穏と留まろうとする班目春樹のような人物を、な

III　3.11後の生命と社会

ぜ日本社会は許しておくのだろうか。せめて、政府の責任者がより強く辞職勧告をすべきだとは思わないのか。

　またジャーナリズムも、例えば定年間近の人がちょっとした失敗を犯した時に、その人の退職金を取り上げろと連呼するような事実がある傍らで、例えば東電の社長が巨額の退職金をもらって退職するとき、ただの一言でもそれまでのようなスタイルの批判をしたのか。どうやら、東電は重要なスポンサーのようなので、民放各局も及び腰ということらしい。だが、例えば或る傷害事件が勃発した時に接待を受けていたということと、原爆数十個分の放射性物質を環境に放出したということとで、どちらがより大きく公益を毀損することになるのか。

　私の論旨を誤解してほしくはないので、少し付け加える。ここでの私の議論は、「だから東電の社長からも退職金を取り上げろ」ということではない。むしろ、「東電の社長から退職金を取り上げろ」ということをこれほどの大事件でも、自己の利益関心のせいで一言もいえないようなマスコミなら、誰かのちょっとした失敗を口実に、その人が長年勤めてきたことでもらえる退職金、その人の老後にとっては貴重な資金になるはずの退職金を取り上げろなどとは今後一切いうな、ということなのだ。今回の一連の事象の中で、マスコミが、なんら群を抜いた公益的機関とはいえないということが明らかになった以上、自分たちだけに〈正義〉を割り振るのはやめにしてほしいということなのである。

　B）論旨の繰り返しになって恐縮だが、もう少し述べたい。事故直後の数日間、原子力安全・保安院が何度も繰り返しテレビで述べた「直ちに健康に影響が出る値ではない」という言葉。あれはいったいどういうつもりなのか。国はわれわれ国民を〈馬鹿〉だと思っているのか。それとも、どうせその直接的影響が出てくるのは、内部被曝での晩発性障害が多いのだから何年も先のことなので、政府の人員も、関係行政機関の人員も既に変わっているはずで、その意味でたまたまこの大事件が勃発した時に首相、閣僚、次官、審議官などを務めていたのは運が悪かっただけ、だから適当にやりすごすような言葉を言い続けていればいいとでも思っているのか。

また、放射線障害は万人に共通の様式でその有害性を発揮するというわけではなく、乳幼児、子供、若者に特に有害らしい。となると、政府や行政機関の責任ある地位に就く人間たちはたいてい50歳を過ぎた初老、または老人の世界からなるわけなので、もし上記のようなやりすごしや見殺しが、責任関係者たちの本音だとするなら、そこには語るだに恐ろしい構図が見えてくる。

　表現の留保をつけずにあえて簡単に言おう。その方がその恐ろしさがよく分かるだろうから。要するに、この数ヶ月の我が国は、老齢の権力者たちが、次世代を担うはずの子供や若者を或る程度見殺しにしても致し方ないと考えているらしいということを白日の下に晒したのである。大人が、子供の寿命を縮める社会。大人が自分たちの利益や権益の保護に熱心で、子供の健康や生活を二次的にしか気遣わない社会。〈父〉が〈子〉をむさぼり食う社会。ちょうど我が子を喰らい尽くすサトゥルヌスのように[6]。大人同士では盛んに闘争しあっているのが常態だとしても、せめて子供だけは社会全体で保護するということが、当然の規範ではなかったのか。子供や若者が緩慢な死を迎える可能性が若干でも高まっている時に、それを見殺しにする大人たちのいる社会。これが日本の〈正体〉なのか。これほどのあけすけな野蛮さを露呈する国が〈ならずもの国家〉でなくて、何なのか。

　それに繋がる話もある。いつだったか、もう正確には思い出せないが、確か事故から1週間程度しかたっていない3月の或る日。テレビの或る番組で原子力業界の大物がチェルノブイリを引きながら、「放射能といってもあまり大したことはない。子供の癌が少し増えるだけだ」という主旨のことをいった。一瞬、耳を疑った。「老人の癌が増えるだけだ」ではなく、「子供の癌が増えるだけだ」と言っているのである。念のためにいうなら、老人でも癌などに罹らないで少しでも長く息災に暮らしていけるような国がいいに決まっている。それでも老人の場合には、或る程度の年齢になれば、病気に罹り、体が弱り、やがてはあの世に旅立つということは致し方ない、と多くの人は考えている。ところが、この場合には「子供の癌が増えるだけだ」ということを、文脈でみるなら、「それほど重要ではない」という意味で言っているのだ。

要は、先に述べたことと同じだ。「子供の癌が少し増えるだけ」、こんな言葉がおそらくは優秀なはずの科学者の口から出て、それがテレビで放映されるのを黙って聞いているわれわれ、そんな言葉を放映するままのマスコミ、そのいずれもが、どこか決定的におかしくなっている。これが〈ならずもの国家〉でなくて、いったい何なのか。我が国は、いつからこんな国になってしまったのだろうか。

　C）さらに、こうも言おう。事故直後の数日間の段階で、政府が原発事故の重大性をどうやらあまり認識していないらしいという判断をすることができたはずの専門家集団は、可能な限り早く、危険性が高い地域を大まかに特定し、予防原則的な発想に基づいて避難勧告を独自に行うべきだった。ところが、先にも述べたように、テレビに出てくる〈専門家〉たちはほとんどレトリカルなものでしかないリスク論的言説もばらまきながら、「安全だ」、「冷静に対応すべきだ」などという言説を繰り返し、人々の精神に鎮静効果を与えた。しかも、拙論「カズオ・イシグロ『わたしを離さないで』:〈公共性〉の創出と融解」（金森：2011a）でも述べたように、科学者たちの一部（それも重要な一部）は事故勃発から1ヶ月以上たった2011年4月27日、三四学会会長声明なるものを公表し、そこで、若手研究者の研究環境の保護、研究施設の保護、並びに、風評被害と闘うという宣言を行った。その三つの宣言の内の最初の二つについては、自宅を失い路頭に迷う人が何万人もいる直中の言葉としてはやや自己中心的だというきらいはあるとしても、まだ許せる。問題は、第3番目の宣言、「風評被害と闘う」というものだ。

　確かに、明らかな風評被害はある。しかしそれと闘うためには科学的な専門知識はそれほど必要とはされない。健全な常識があればそれで充分なのだ。むしろ科学的専門知識が生かされるのは、風評か、それとも根拠のある危険感覚なのかの閾がどの辺りにあるのかを探ること、しかもその際、予防原則に従い、どちらかというと危険性認知の方に軸足を置いた閾認定をすることの中にあるはずだ。なぜ予防原則的なことが重要かというと、放射能への感受性や脆弱性は乳幼児や子供の方が大きいのだから、もし万一危険な条件の中に放置されたときの損害の深刻さを勘案するなら、仮にその危険性認知が

若干大げさなものであったとしても、(移住などで) そのときには大変でも結果的に生命が守られるならそちらの方が望ましい、と考えるべきだからである。だから、科学的専門知識をもった集団が行うべきなのは、少しでも放射線被害を抑えるための方策を提言し実現していくことなのであり、それに比べるなら、「風評被害と闘う」などということは二次的、三次的なことにすぎない。そもそも、慎重な科学的判断に基づけば基づくほど、簡単に「あれは風評被害にすぎない」などという判断は出てこないはずなのだ。にもかかわらず、一方で鎮静効果を狙った言葉を垂れ流し、他方でわざわざ学会声明としてこんなものを出すということは、いかに彼らが本来の〈公益性〉という理念を失っているのか、そして自分たちの利権や権益への配慮、政治的権力へのすり寄りという政治的配慮に汚染されているのかということの印なのだ。彼らは公益を体現する叡知の集団ではなかったのか。もちろん、全員が、とは言わない。だが科学・技術界は、この数ヶ月間に及ぶ自分たちの所業を反省するだけの気概はあるのか。

　このようにして、政府、科学・技術界、マスコミ——これら重要な社会セクターのいずれもが、これほどまでに悪辣な〈ならずもの性〉を発揮するこの国の中で、なんらかの形で〈哲学的営為〉をし続けることの意味などが、あるのだろうか。正直にいって、よく分からない。だが、書物にしか存在しないかもしれない概念群を、その使用法の様式に習熟し、〈書物世界〉での乱舞の模様をさらに概念的に跡づけるというのとは異なり、現実そのものの諸相の中に見え隠れする或る種の傾性を概念的に繋ぎ止めることで、現実のあり方の或る側面が、より一層明らかになるとするのなら、それにはそれに固有の意義があると信じ、次のような作業を始めてみよう。冒頭に述べた通り、それは生政治的視座を設定することで、ここで述べたような状況を論じ直すことを意味している。

2 〈被曝〉の生政治

　A) だから、こうあるべきだった。科学者集団は、東電の事故直後の対応

の酷さや情報隠蔽に業を煮やしただろうが、ただそうやって切歯扼腕(せっしやくわん)しているだけではなく、自己の専門的知識に基づきながら、早急にその時点での最良の対処法を政府に強く提言すべきだった。もちろんいろいろな実務上の問題はあろう、だが、事故の重大性を考えるなら、例えば事故後2週間前後の段階で、起こりうる最悪のシナリオをしっかりと提示し、また事故直後の風向きから考えて福島第一原発北西部に特に汚染が激しいということは推定可能だったはずだから、少なくともその地域の妊婦、赤ちゃん、子供、若者に避難勧告を出すように、政府に働きかけるべきだった。科学者集団は、実は自分たちが思う以上の名声や権力を社会の中に確保しているわけだから、彼らが本気で提言すれば、政府も動かざるをえなかっただろう。確かに、そんな避難勧告などを出せば、あれほど政府関係者が恐れただろう一種の〈パニック〉は起きたかもしれない。しかもそのパニックの中で、例えば移動途中に交通事故で何人かが怪我をするなどということさえあったかもしれない。しかしそれは、近未来の放射線障害が与える危害の総体と照らし合わせるなら、相対的に〈より少なく悪い〉（lesser evil）損害だったといえるだろう。

　ところが、その頃科学者たちがしていたのは、テレビや新聞で、「大したことはない」、「冷静な対応をすべきだ」、「放射線などは治療でも浴びているのだ、そもそも自然界で自然に浴びているのだ」などの鎮静効果を狙う言説を垂れ流すだけだったということは、先に述べた通りである。それは、本来なら各人に備わっているはずの生命の危険に対する本能的な防衛欲をも鈍化させ、退避できたかもしれない人までをも危険地帯で金縛りにさせるという効果をもたらした。そしてその代価は、現時点で既に何通りもの形で具体的に現れ始めている。例えば福島県の多くの子供の尿から放射性セシウムが検出されたり、甲状腺に放射性沃素が確認されたり、などという事実である。しかも、2011年8月13日付けの報道を信じるなら、「3月下旬にいわき市や飯舘村で1149人の子供を対象に行った調査で約半分の子供の甲状腺から放射性沃素が確認された」という事実が、それから4ヶ月半もたった8月中旬にようやく公表されるという有り様なのだ。

　これではまるで「国民一人ひとりの命など、結局大したことはない。なぜ

なら我が国は大きな〈人口〉集団を形成しており、自然かつ自発的に個別的生殖によってその集団規模が維持されるということもほぼ保証されている。だから、全体の安寧と繁栄こそが基軸的な価値であり、その過程で何人かの人間たちが傷つき、衰え、病を患い、歯が抜けるように静かに落命していったとしても、全体的効果から見れば重要ではない。」——このように政府中枢部が考えているとしか思えない。それはまさに棄民政策であり、〈ならずもの国家〉の面目躍如たるものがある[7]。権力の中枢部が今回改めて、その冷徹な素顔を露わにしたその様子は、今後の我が国の社会史や文化史の中で（あるいは世界史の中で）、それなりに重要な引証の対象になることだろう[8]。

B）その基礎的事実をしっかりと心に刻んだ上でなら、以下の事実もまた違った相貌を表してくれるものになる。

2011年5月27日、共同通信は、福島県が全県民を対象に、放射性物質の影響についての長期間の追跡調査を行うという方針を固めたと報道した。全県民と一言でいっても約200万人にものぼる人々である。しかも、彼らを長期間追跡調査するという。まだこの時点では、長期といっても具体的に何年頃までというのは未定だという。ただ、晩発性の放射線障害は20年以上もたってから現れる場合もあるので、その期間は本当に長いものになるかもしれない。200万人以上の人々の、例えば30年の長きにも亘る調査。その決定には、経済産業省や厚生労働省の担当者も立ち会ったというから、一応の主体は福島県だが、その背後には国が控えていると考えてもいい。また、調査・保護の円滑な遂行のために広島大学や長崎大学など、放射線障害の研究蓄積をもつ機関も協力することになったとある。確かに、県民の健康保護という観点でみるなら、厖大な資金が必要となるという予想はされるが、少なくとも表面的には一つの英断だといってもおかしくはない事象である。

ただ、上記の基礎的事実に改めて想到し、それと照らし合わせた上で判断し直すなら、また違った局面もみえてくる。例えば、ここでまさに広島大学と長崎大学という名前が出たことがわれわれの連想を誘う。今回提示された、この福島県民の追跡調査は、アメリカが原爆を投下し第2次世界大戦が終わった後に設置したABCC（原爆傷害調査委員会）のことを否応なく想起させ

るとはいえないだろうか。ABCC は 1946 年に設置され、原爆被害者の長期に亘る調査を行った。それは 1975 年に組織改編をうけ、別の機関と統合されるまで存続していた。確かに、ABCC は純粋な調査機関であるために、その活動は今回のような治療目的の追跡調査とは質を異にする。ともあれ、ABCC が残した厖大なデータはその後、放射線障害の程度や予後を推定するための基礎資料になったことは間違いない。そしてその事実は、今回の福島県民追跡調査にも、別角度からの陰影を与えている。

　つまり、こういうことだ。この県民追跡調査は、大人数の人々の何十年にも亘るかもしれない人生を辿り、今後彼らが発症するかもしれない放射線障害への対応を一次的には目指したものだろう。それはおそらく確かであり、一種の大規模な可能的医療行為として、順当な位置づけをもつものになる。他方、それは可能的医療行為であると同時に、条件設定が比較的同質の巨大集団についての、重要な調査研究にはならないか。つまり、国は、事故後、可能な限り客観的で詳細な情報を出し、可能的な危険性を隠さずに知らせ、早急な避難勧告をするなどの一連の行動によって少しでも被曝者を減らすことに全力を尽くすというのではなく、それら一連の行動を一切せずに放射能被害を矮小化する言葉を垂れ流し、実際に近隣住民を被曝させてしまってから、その被曝状況を科学的に調査するということの方を好んだのである。「人を健康な状態のまま自由に生きさせる」ということよりも、「人を不健康状態に陥らせるリスクを高め、その後で、その不健康状態を健康状態に戻すための努力をする」という方向性を好むということ。その場合、もちろん、被曝してしまった人々は、少しでも健康状態に戻りたいと思うわけだから、国の調査に感謝し、その追跡調査にも自ら進んで協力するという傾向をもつだろう。それは人間として当然の「生き続けたい」という願いを反映させたものだ。

　ところが、この場合、彼らの当然の〈生への執着〉は国家や医学界にとっての重要なデータ群を保証するものになる。また、被曝後の多様な健康障害を少しでも減らそうとする各人の努力や願望は、そのまま医学・薬学産業の丸抱えの治療空間の中に、彼らが自ら進んで飛び込んでいくということを意

味している。彼らにとって、生き続けようとするというごく当然の欲望が、そのまま国家や産業にとっての重要な資源になる。しかもそれが200万人にも及ぶ大規模集団に関するもので、さらには向こう数十年も続く可能性があるものなのだ。これはまさに、あのフーコーの〈生政治〉の原初的定義[9]をより現代化した、〈ならずもの国家日本〉にとっての、それに固有の〈生政治〉の発露だとはいえないだろうか。

ただしこの場合、「生かす」とはいっても、もともとは生命維持のための処置などは回避可能だったかもしれないのにしなかったことから来る「生かす」であり、しかも対象になる県民たちの生は、可能的な晩発性障害に怯えながら生き続けるという形をとるものになる。福島県民の生政治は、〈死政治〉の影を強く引きずったものになるのだ。

C）いままで国や科学者集団の問題点について主に述べてきた。次に、最終的にはそれを誘発する法体系や政治設計をとってきた国の責任が大きいとはいえ、国の施策が数十年に亘り続くことで、その影響を受けた国民の側に、国に強く依存するという体質が生まれたということには、やはり一言触れておかねばならない。

例えばこの原発問題にしても、あの有名な電源三法がある[10]。特にその法律に基づく地方自治体への交付金は巨額なものが多く、そのため原発を受け入れる自治体は一度それを受け入れてしまうと、交付金が自治体行政の必要条件として組み込まれてしまい、それから脱却できなくなる。いわば、地方を金で縛り、原発の潜在的危険性の補填をするという構図である。また、原発自体が一定の労働力を必要とするので、就職の安定性という観点からも、原発の重要性が高まる。政府は、石油ショックに揺れた1970年代以降、このようにして、原発を地方に設置しやすいような政治体制を積極的に推し進めてきた。

本来なら、複数の理由[11]によって原発などに依存しない方が好ましい社会体制だというのはほぼ明らかだと思えるのに、既にそれによって行政をまかなう市町村にとって、またそれを生活の糧としている人々にとっては、原発はなかなか手を切れない腐れ縁の相手のようなものになる。その中で生きる

人々に若干微温的な依存体質が見られたとしても、その状態を産み出したのは政府である以上、やはり政府の責任は重いといわねばならない。

ところで、その依存体質もまた、或る特定の人口集団全体の行動様式への巧みな調整の効果だともいえるので、〈生政治〉的な問題構成と関与的なものだといってもいいのである。しかも、その依存体質の陰には、厳然として存在する事実、つまり政府や電力会社などの再三の宣伝にもかかわらず、原発運転には周辺住民への健康被害や環境悪化という負の効果が必ず伴うという事実がついて回る。ここにも、生政治を通した死政治の顔が見て取れるということである。

それは、「若干の危険はあるかもしれないが、その危険のおかげでお前の町は豊かに潤い、お前自身や友人、家族なども職を得ているのだから、その危険は甘んじて受容しろ」という暗黙の命令でもある。小さな死の混ざった生への誘い。生政治と死政治の混淆である。

これは、いわゆるリスク論の考え方ともどこか通底しているところがある。だからこそわれわれは、特に原発事故の勃発後しばらくの間、リスク論的な言説を何度も耳にすることになった。「汚染された〇〇を仮に毎日1年間食べ続けたとしても、××1回分程度の被曝」云々という例の言説だ。それは科学者の口からだけではなく、政治家の口からも漏れた。例えば2011年3月19日の記者会見で、枝野幸男官房長官は、福島県内で採取された牛乳と茨城県産のホウレンソウの検体から、食品衛生法上の暫定基準値を超える放射線量が検出されたという事実を報告した。事故後約1週間の時点での官房長官の会見であり、全国民が固唾をのんで事態の成り行きを見守っていた頃のことだ。そして枝野氏は、この事実報告に続いて、その放射線量がどの程度のものかを説明する際に次のように述べた。その時に検出された濃度の放射性物質を含む牛乳を仮に日本人の平均摂取量で毎日1年間飲み続けたとしても、その被曝量はCTスキャン1回程度のものであり、ホウレンソウについても日本人の年平均摂取量で1年間摂取したとして、CTスキャン5分の1回分程度のものだ、と。

これはまさにリスク論言説のスタイルそのものだ。CTスキャンという、医

療目的の外部被曝と、日常的食品を摂取することによる内部被曝の違いは見事に無視されているとはいえ、とにかく、ここに見られる発想の根底には、「少しくらいの危険性は、それを補ってあまりあるだけの利便性や利益があるのだから、我慢しろ」という、〈生き生きとした生のための、小さな死の受容要請〉があるというのは否定しがたい。仮にその〈生き生きとした生〉なるものが、とりあえずは経済活動としてしかイメージされていないとしても、である。

そしてこの文脈で再び確認しておくなら、主として金銭的なインセンティブによって駆動された国民自身が、その生政治・死政治体制の中に半ば積極的に関わり続けるという構図が既に出来上がっているということである。生政治を、純粋に一部の中枢機関の陰謀論のようなものとしてだけ理解するわけにはいかないという事実は、この辺りから来るのである。何かを本質的に変えようとしても、どれだけ難しいのかがよく分かるし、また重要な政策を行う時には、来るべき時が来たという判断が醸成されれば、全員一致の賛成は諦めるという決断が同時になされていなければならないということでもある。程度の違いはあるとはいえ、深い闇と、闇がかった陰とが点在するこの社会の中で、それらすべてにいい顔をしながら、健全な政策を遂行することはできないということなのだ。

〈生政治〉あるいはそれに随伴する〈死政治〉の主体がどこにあるのか、という困難な論点は、また別の機会に掘り下げなければならないだろう。

D）さて、少し視点を変えた話をしよう。この原発問題に限らず、われわれは時に〈情報操作〉という言葉を見かけることがある。ところで、例えば次の事実は情報操作なのだろうか、それともそれでさえない、偏向情報のなれの果てなのだろうか。

2011年9月1日、読売新聞は、8月末に経済産業省所管の財団法人、日本エネルギー経済研究所が原子力の発電コストと火力発電のコストとを比較し、試算した結果、たとえ福島原発事故の賠償金を含めたとしても原子力の方が火力よりも安価になると発表した、と報じた。ただし、記事本文の冒頭には、電力会社、電力卸会社の各社が再処理費、廃炉費用などに積み立てている額

をベースにした試算であり、将来、その処理のために実際にかかる費用とは異なる可能性があるが、ここでは賠償額を10兆円と仮定した上での計算だ、という留保が付いている。

この形ばかりの留保でさえ既に言い訳的に響くが、われわれはこの種の〈試算〉をあまりに何度も聞かされすぎたとはいえないだろうか。原発の費用を少しでも小さくみせようとし、また原発事故の規模を少しでも小さくみせようとすること。これはちょうど敗戦情報を隠し続けてきた大本営と同じであり、この8月31日付けの試算なるものも、まさに〈大本営原子力ムラ〉の悪あがきのようにしか響かない。しかもそれは、一応の外観は数字を使った判断なので、客観性の相貌を備えているだけにたちが悪い。また、政府の中枢官庁に関係の深い財団法人が公表している試算である。さらにいえば、それを読売新聞という日本有数の大新聞が発表しているのだ。

しかし、それらすべてを考慮に入れてもなお、この試算なるものがあまり信用がおけないという印象に変わりはない[12]。賠償額の算定基準が既に怪しげなものだし、そもそも日本エネルギー経済研究所なるものが、どの程度独自の独立した判断をできる機関なのかも定かではない。また、仮にその試算を鵜呑みにしたとして、だからどうだといいたいのか。絶対にないとは既にいえなくなった大事故がもし将来また起きたとして、その時の周辺住民への被害の甚大さ、賠償の重さや広範さなどを考えるなら、仮に原子力のランニングコストの方が火力よりも若干安いなどということが事実だとしても、それによって原子力を推進する理由などにはならない[13]。原発は、註11で述べた理由によってだけではなく、健康政策的にも経済的にも、割に合わないのだ。

ただここで私が強調したいのは、次の点である。この種の試算が、「だから原子力は日本経済のためには必要だ」ということを主張したいがためになされるものであり、しかもそれを報道するのが、読売新聞のようにほとんどごり押し的に原子力推進のためのキャンペーンを張るマスコミである場合、そこで公表される試算がほとんど信用されないということがもつ有害性に、いったい関係者たちは気づいているのだろうか。政府系の研究機関、そして大

新聞、これらは共に、本来なら中立的な公益性を重要な規範として自己を律するものであるはずだ。ところが事実上はそうではなく、特定の利益集団や権益集団のスポークスマンに成り下がっているということの意味は、実は極めて重大なのだ。

　表だった、表面的には権威を抱えた言説空間の中でただ言葉だけが踊り、それを誰も本当には信用せず、より信用がおけるものをツィッターなどの多極的で分散的な情報源から探そうとする人々が増えること。それは実は、いままでの議論と矛盾するようでもあるが、事実上、〈生政治〉的な志向性が、既にそれほどうまくはいかなくなっているということの徴表でもあるのだ。誰もが、公的機関の言葉を鵜呑みにはできないという直観に導かれるとき、生命のより直接的な感覚に導かれて、各人各様に自分に必要な情報を探し求め、異なる情報を比較し、判断して、行動に移る。その方向性は総体としてはほぼ予見しがたく、その意味で、〈生政治〉的企図を依然として権力中枢が抱えていたとしても、その完全実現性は乏しいものになりつつあるといわねばならない。その最大の理由は、半世紀遅れのようにして繰り返されるその大本営的な体質の中にある。〈生政治〉の頓挫は、半ば自業自得的なものなのだ。

　E）しかし、だからこそ権力中枢は、それを執拗に継続し、完全性に近づけようとする。そこで気になるのが、〈放射能教育〉である。

　2011年8月20日付けの読売新聞はその社説の一つで放射能教育を扱っている。それはまず、放射能に関する「いわれなき差別や偏見」について触れることから話を始めている。確かに、その社説にもあるように、福島県からの転校生がクラスメートに仲間はずれにされるなどというのは、まるで根拠がない、被害者をさらに踏みにじるに等しい行為だ。事故直後で、例えば衣服や毛髪がそのまま極めて汚染されているというのでもない限り、放射能が人に感染（伝播）するなどというのはありえないということを正しく理解するのは大切なことである。

　そのような意味でも放射能教育の充実を図ることが急務だという論調に、私とて特に異論はない。この放射能教育は、ゆとり教育による理科の授業時

間の削減のあおりで、もう長い間実施されていなかったのが、今度2012年春から30年ぶりに復活するということが、中学校の学習指導要領の改訂を受けて既に決まっていた。それが図らずも、今回の原発事故と重なることになったわけだ。もう一度いおう、放射能についての正確な知識に早くから触れさせるということに異存はない。ただ、その一方で少し気になることもある。

　例えば原発事故以降、従来の放射性物質の安全性に関する基準が厳しすぎるのではないか、というような声がちらほらと聞こえてきたということがある。また、例えば荒茶で放射性物質が基準値を超えたとしても、実際に飲む時にはその濃度は下がるのだから問題ないというような議論があったという事実もある。そのような状況の中で、〈放射性物質の危険性〉という健全な意識が、子供に一種の〈リスク・コミュニケーション〉を系統的に浴びせかけることで、かえって鈍化させられてしまうのではないかという懸念があるのだ。放射能教育という名の下に、「放射能は人がいうほど怖いものではなく、事実上はそれほど気に留めることもない」というようなニュアンスのメッセージが、一見中立的で科学的な説明の周辺に漂うようなことになるとき、それは、〈放射能国家〉の次世代の担い手を育成するという、奇妙な枠組みの中に、初等・中等教育が組み入れられるということを意味しうるのである[14]。事実、先の読売の社説にしても、不当な差別に警鐘を鳴らした後、次のように続いている。

　「放射線は大量に受けると人体に悪影響が及ぶ。危険な印象もあるが、使いようによっては、レントゲンやがん治療など役に立っている例もある。宇宙や大地などからの放射線もあり、人は日常的にある程度の放射線を浴びている。こうした知識は、福島県民や福島からの避難者に対する偏見を解消し、過度な不安による風評被害を防ぐことにつながろう」。——これは一体どういうメッセージなのだろうか。自然界の放射線と原発の放射線では、そもそも比較対象にすること自体、ミスリーディングな要素の方が強いという事実があるにもかかわらず、この種のレトリックは事故後、何度も使われた。また「過度な不安」というが、この〈過度〉という言葉がもつ本性的な融通無碍性にはより敏感になっておいていい。一体、誰が〈過度〉と〈適度〉の閾値を

1 〈放射能国家〉の生政治

定めるのだろうか。

　子供たちに放射能や放射性物質の意味をまずは正確に伝えるということが本義であることは間違いない。ただ、放射能が生物の遺伝システムに重大なダメージを与えるという根源的事実は、やはり強調して教えてやるべきであり、その意味では、放射能教育は、放射能の恐ろしさを重点的に伝えるものであるべきだということは忘れられてはならない。しかし、上記のような社会的文脈の中では、下手をするとその逆に、「大したことはないのだからあまり気にするな」というメッセージを伝達するための教育的装置に化けてしまう可能性がある。死政治を背後に控えさせた〈生政治〉の狡知が、ここで系統的に作動するようなことを、われわれは阻止する意思を表明し続けなければならない。経済活動が大事だというのはよく分かるが、それは、子供時代から既に、周囲環境に一定の放射性物質が存在することを認容するような人間を育成するということとカップリングしても構わないほどに至高の価値だとはいえない。人知れず体を壊し、まだ若い内に他界する子供を見て見ぬふりをするような社会が、いったい何の〈繁栄〉を誇れるというのか。われわれはやはり、そろそろ目を覚ますべき時ではないのか。

　F）それでもまだ、〈放射能国家〉がそう簡単に自己の非を認め、回心してくれるとも思えない。そんなに簡単に回心しては〈ならずもの国家〉の名が廃るというものだ。おそらく今後も〈ならずもの国家〉は既得権益の保護に十全の努力を払い続け、湧き出る異論を全力でつぶし続けようとするだろう。しかし、さすがにこれまでほどに簡単にはいかないだろうが。

　或る場合には、放射能も一種のギャグにさえなっている。フジテレビ系列の東海テレビ放送が、2011年8月4日午前、番組で実施した岩手県産米プレゼントの当選者のことをフリップで「怪しいお米 セシウムさん」と表記して放映してしまうという放送事故があった。事故以前にはその物質名さえ知らなかった人が多かったはずのこの国で、セシウムはギャグの材料に祭り上げられた。しかもわれわれの主食である米と関連づけられて、である。この事件自体は馬鹿らしさと軽薄さが先に立ち、それほど問題視するにはあたらないのかもしれない。しかし私には、この種の逸脱事例が社会の至るところで

101

散発的に現れるということは、今後、多重的な内部被曝に晒され続けていかなければならないわれわれ国民にとって、一種の心理的馴致過程の印なのではないかとも思える。そんな風にして、知らず知らずのうちに、放射能で汚染された土や海、食物などに囲まれているということに慣れてしまうという風景、そんな風景が自然に想像されてしまうのだ。事実、既に、事故からしばらくすると、放射能を気にしていろいろな言動をする人のことを揶揄したり、煙たがったりするという傾向が散見されるようになっている。〈自己の生に対する健全な配慮〉が、まるで〈社会体制への無関心や不的確性〉を意味するとでもいうかのように。

　しかし、慣れたからといって、だから何だというのか。それはあくまでもわれわれの心理的防衛反応の一つにすぎない。心理的に防衛が強固になったとしても、そのことと、われわれの遺伝システムにとって放射性物質は依然として危険極まりないものだという事実とは、関係がない。むしろそうやって心理と生理の乖離が進んでいく中で、また、従来の〈ならずもの国家〉の行動様式からの推定で、知らないうちに徐々に汚染許容基準の数値があげられていき、基準以内ということで多少の汚染は報道さえされなくなるという可能性も見通せる中で、われわれの身体は汚染物質に塗れながら生き続けざるをえないという状況に置かれることになるのかもしれない。日本人のかなりの割合の人々が、放射性物質の影響を多少なりとも受けながら、ほとんど意識しない内に自らの遺伝コードに微小な亀裂や逸脱を抱え込んでいくのかもしれない。

　正常な発生や成長からの微妙な逸脱――その可能性が今までよりも大きくなるということが常態的なものになる時、日本人はその状態を或る程度納得しながら受容し続けていくという可能性さえある。既に60年以上も前の原爆体験が、あたかも〈聖痕〉のように、われわれ日本人の身体に刻印されているのだとでもいうかのように。今回の放射能汚染も、いわばその〈聖痕〉の在処を、改めてわれわれ日本人に意識化させるものだとでもいうかのように。生理の微妙な亀裂と、異常性の微小表象。その行き着く先が、どんな世界になるのか、残念ながらそれは、私にもあまり想像がつかない。

ただ、逆にいうなら、現時点で既に次のことは確言できるように思えるのだ。〈父〉が自分の権益や利権にしがみつきながら〈子〉の命を軽んじる国家、なりふり構わぬ凶暴さを露わにする〈ならずもの国家〉にして〈放射能国家〉——ありがたいことに、そんな国に健全な未来はないということである。目先の経済活動や利潤を最優先させ、先人たちが長い時間かかって築き上げてきた文化を一つひとつ瓦解させながらジタバタし続ける国家。子孫に少しでもましな状態で国土や文化を引き渡すということを、ほとんど意に介しもせず、その場その場での狂奔的な悦楽に浸り続ける国家。文化を踏みつぶしながら金を稼ぐのも結構だが、その有り余った金でいったい何を買うというのか。国土や水を汚し、さらには人の心までをも汚染する国家。

　近未来の日本は、尾羽打ち枯らしたそのざまを、ひょっとすると全世界に晒しながら、ゆっくりと、あるいは急速に衰退していくのかもしれない。なぜなら、ならずものの最期が泥まみれなもの、汚穢と屈辱にまみれたものになるというのは、なかば折り込み済みのことだからである。

（2011年9月3日脱稿[15]）

〔註〕
（1）2011年4月12日、原子力安全・保安院は今回の事故評価をINES（国際原子力事象評価尺度）に基づいて最悪のレベル7に引き上げた。それは1986年に起きたチェルノブイリ原発事故と同じ評価になる。事故直後の3月12日には局所的影響のみをもたらすレベル4と評価していたことに注意しよう。それでも4月12日前後のテレビ報道などでは、チェルノブイリの10％前後に留まるということを強調する論調が多かった。とにかく小さく見せたいと、国を挙げての判断誘導である。
（2）他の放射性物質に関してはとりあえず度外視するが、もちろん細かく見るなら他にもいろいろな物質が四散した。特にプルトニウムについては、東電は原発敷地内に若干見つかっただけという情報しか提供していなかった。しかし8月末に、経済産業省があまり目立たない形で飛散物質の種類を公表した中に、プルトニウムも含まれていた。その意味を考えるなら、やはり暗然とした気持にならざるをえない。
（3）これを間接的に傍証するものでしかないが、次のような事実もある。NRC（米原子力規制委員会）の事務局長は2011年5月26日、福島では事故勃発から数日後にはメルトダウンが起きたことを確信していたと語った。燃料の損傷でしか起こらないような

高い放射線量のデータを手にしていたからである。日本政府でも、少なくともその一部では重大な事故が起きつつあるということの認識が早くから存在したはずである。しかしそれを公表しなかった、ということになる。

（４）責任というなら、基本的には〈脱原発〉の考えをもっていながらも、50代までほとんどこの問題について発言もせず、そのままやりすごしていたこの私にも責任はある。だが、その責任の程度は国家や電力会社、専門の科学・技術者集団とはやはり違うと、ここできちんと述べてもいい、と私は考えている。さもないと、われわれ国民全員が多少なりとも責任を負うという議論、つまり誰も決定的には責任を取らなくて済むという議論に到達してしまう。謙虚に、また、自己批判性を働かせて自分の判断に留保を加えるのは慎重で好ましい態度だが、この種の問題については、その謙虚さがかえって仇になるという可能性も忘れられてはならない。

（５）当たり前のことだが念のために附言しておく。これはあくまでも一般的な言明である。すべての科学・技術者集団、すべてのジャーナリストが駄目だ、とか、そういうことを言っているのではない。そんなことをいうだけの根拠をもつ人はおそらく誰もいまい。例えばフリーのジャーナリストで頑張っている人は何人もいる。だが、その一方で読売新聞などの大ジャーナリズムは、あまりに判断誘導的な報道が多すぎないか。正力松太郎の伝統を保護したいという気持ちは分かる。だが、それはあくまでも私的なことであり、公器としての大新聞の自覚をもっともってほしい。他方で、権益保護の姿勢が目に余る東大系の学者の中にあって、例えば児玉龍彦氏のご発言、特に衆議院厚生労働委員会での 2011 年 7 月 27 日のご発言には、久々に心を熱くした。京都大学の小出裕章氏のご活躍にも世間の注目が集まったが、それは当然のことだろう。こんな科学者たちが何人も出てくるような、そんな科学界であってほしい。

（６）フランシスコ・デ・ゴヤ（Francisco de Goya, 1746-1828）のあの凄まじい絵画、『我が子を食らうサトゥルヌス』が、どうしても脳裏をよぎる。

（７）私は拙著『〈生政治〉の哲学』（金森：2010）の中でアレントの言葉などを引きながら、〈生政治〉的な反自然主義は人間の生命そのものを至高の価値とはしない、という主旨の考え方を述べた。ただそれは、生命そのものではなく、愛、勇気、正義、公共性など、生命とは必ずしも同方向をもたない価値が中心軸になって、その価値域の内部にすむ人間の行動に影響を与えることなどを主に念頭に置いた言葉だった。ところが、これほどあからさまに人命軽視の思想が展開されるのをみるとき、私なりの反自然主義にも一定の留保をつけざるをえない。棄民思想が大手を振るうような国家の中に住む人間は、やはり一人ひとりの命の尊さという、実に古典的な価値を強調せざるをえないのだ。まさに「身捨つるほどの祖国」は、いったいどこにあるのだろうか。

（８）事実、2011 年 8 月 30 日付けのニュースで、福島原発事故を原因とする、放射性セシウムによる土壌汚染マップが公開されたと報道された。それによると、立ち入りが制限されている警戒区域や計画的避難区域で、チェルノブイリ原発事故での強制移住基

準を上回る汚染濃度が測定されたのが6市町村、34地点にのぼるという。チェルノブイリの場合、ほんの数日で強制移住が行われた。それは強制ではある以上、そのときの住民からの反発や反抗、逡巡や哀願はあったかもしれない。しかしそれが結果的にその住民の健康を配慮したものである以上、国策としては的確で、或る意味で当然のものだった。それに対して日本の場合はどうか。最悪の場合にはチェルノブイリ以上の汚染がありうるということにうすうす感づきながら、政府も、科学者集団も、最も危険な時には「大丈夫、大丈夫」という鎮静言説を垂れ流し、そして5ヶ月以上もたってからの今更ながらの公表である。確かに、直後にパニックは起きなかった。だがそれは、住民たちの健康や生命を二の次に考えたという結果から来ているものとしか思えない。何度でも言おう、まさに〈ならずもの国家〉そのものではないだろうか。テレビの映像資料や新聞など、これら一連の資料はそのまま客観的に残っていく。今後、どこかの外国機関または外国の研究者が、これら一連の報道や政策、対応のあり方などを客観的に分析し、検証していけば、そして将来蓋然的に起こりうる多くの晩発性障害のことも考えて総合的に検証するなら、〈ならずもの国家〉のならずもの性は、全世界に実証的に晒されるということになる。いざとなると国民を捨てる政府、いざとなると国民を騙し、無理にでも大人しくさせ、その場をやりすごそうとする政府——そういう描像が世界に晒されるのだ。これは、ほとんど取り返しの付かないダメージではなかろうか。

(9) 拙著『〈生政治〉の哲学』(金森：2010) 第1章第1節 (C) を参照せよ。私が〈アルシ・生政治学〉と呼んだ、フーコーのこの概念についての原初的定義は、概略、次のような内容をもっていた。生政治学とは、個人個人の性質や行動様態を規定するというのではなく、集団レベルでの特性を統計的に把握し、その全体的調整をしようとする新しいタイプの権力・政治、そして結果的に個人を生かすという効果を随伴する権力・政治のことである。〈生政治〉とは「死なす」から「生かす」へと移行する権力形態であり、規律訓練論とは対比的に捉えられた、「生命の調整的テクノロジー」とでも呼べるものである。

(10) 電源開発促進税法、特別会計に関する法律、発電用施設周辺地域整備法のこと。

(11) 例えば次のような理由である。原発は、その潜在的危険性のために、人口密度の相対的に少ない場所に建てられ、そこから大都市に電力を供給するという構図をもつ。例えば福島県民が危険性をかぶることで、東京都民が電気を享受するということだ。

　しかしそれは正義に適うことなのか。また、原発は孫請け、孫孫請けなどの多重的な担い手が、その運転に関わっている。彼らは場合によっては臨時作業員でしかなく、その訓練も知識も充分ではない。またその報酬さえ、中間搾取の対象になる。そして例えば東京電力の正規の社員よりも、はるかに危険な作業につく可能性が高い。これもまた、正義に適っているとはいえない。それは環境正義的ではない。また、原発の大量の廃棄物は、長期間の厳重な保管や管理が必要になる。それは現行世代の電力享受のつけを未来世代に払わせるということを意味している。それは環境倫理学的

にも、正義に悖っている。

さらに、原発は潜在的な戦略目標にさえなる。もし敵国が我が国の領土を戦勝後使おうという意図をそれほどもたない場合、敵国は例えば福井県などの原発密集地帯に複数発の高性能ミサイルを撃ち込むことがありうる。その場合、迎撃システムがどれほど完全なものであっても、100％迎撃が成功しない場合、つまりわずか一発でも原発に命中するだけでも、その損害は破局的なものになり、その後とても戦争を継続することなどは無理になる。原発は、プルトニウムが潜在的な核爆弾準備になるから軍事上重要だなどという意見があることを仄聞するが、事実上は、その逆である。原発は軍事的にも自国にとって危険極まりない攻撃目標なのだ。つまり原発は軍事的にも有害だということである。

(12) その後、この種の〈試算〉の恣意性を改めて確認させるような経緯もあった。2011年12月14日付け、朝日新聞の報道によれば、野田政権のエネルギー・環境会議、コスト等検証委員会の試算によると、従来とても安いと見なされていた原発関連の費用が大幅に見直され、一定の社会資本の整備や条件さえ整えば火力、風力などの他の手段との間のコスト差がそれほど変わらないものになったというのである。繰り返しになるので詳説はしないが、要するに、変数の選択や組み合わせ、条件設定などに微妙な匙加減を加えることで、最終的な数値などは、かなりの程度変えることができるということが、改めて確認されたということである。〈客観性の顔をした政治性〉のもつ一種の恐ろしさであろう。

(13) しかも一般に、原発の費用をそのランニングコストだけで試算するのは全く不合理である。ウランなどの採掘、また厖大な汚染物質の管理・運営、その前の処理施設建設などの経費も込みで試算をしなければ、ほとんど意味がない。

(14) 事故の前にも新聞などで、いろいろな（あまり批判意識のない）文化人を使って「放射能は正しく怖がることが大事」云々というような言説を垂れ流し、事実上は原発依存体制の保護という姿勢を貫くという様子が、何度もみられた。これは大人を対象にした〈原発教育〉のようなものだった、といっては言い過ぎだろうか。

(15) 全体に時事的性格の強い論攷なので、脱稿の日付を明示しておく。同年12月末に若干の加筆修正を行ったということも明記しておく。

〔参考文献〕

安斎育郎（2011）『福島原発事故』かもがわ出版

飯田哲也・鎌仲ひとみ（2011）『今こそ、エネルギーシフト』岩波書店

飯田哲也・佐藤栄佐久・河野太郎（2011）『「原子力ムラ」を超えて』NHK出版

石橋克彦編（2011）『原発を終わらせる』岩波書店

NHK「東海村臨界事故」取材班（2002）『朽ちていった命』新潮社

金森修（2010）『〈生政治〉の哲学』ミネルヴァ書房
金森修（2011a）「カズオ・イシグロ『わたしを離さないで』：〈公共性〉の創出と融解」『現代思想』7月臨時増刊号、pp.86-89
金森修・近藤和敬・森元斎編（2011b）『VOL 5：エピステモロジー』以文社
金森修（Osamu Kanamori）（2011c）"After the Catastrophe — Rethinking the Possibility of Breaking with Nuclear Power"、『HiPeC 国際平和構築会議 2011』、広島国際会議場、2011年9月18日の講演
鎌田慧（2001）『原発列島を行く』集英社
小出裕章（2011a）『原発のウソ』扶桑社
小出裕章（2011b）『原発はいらない』幻冬舎
佐藤栄佐久（2011）『福島原発の真実』平凡社
佐野眞一（2011）『津波と原発』講談社
高木仁三郎（1981）『プルトニウムの恐怖』岩波書店
高木仁三郎（1999）『市民科学者として生きる』岩波書店
高木仁三郎（2000）『原発事故はなぜくりかえすのか』岩波書店
田中光彦（1990）『原発はなぜ危険か』岩波書店
広河隆一（1991）『チェルノブイリ報告』岩波書店
広瀬隆（2011）『福島原発メルトダウン』朝日新聞出版
藤田祐幸（1996）『知られざる原発被曝労働』岩波書店
堀江邦夫（2011）『原発労働記』講談社
宮台真司・飯田哲也（2011）『原発社会からの離脱』講談社
矢部史郎（2010）『原子力都市』以文社
吉岡斉（1999）『原子力の社会史』朝日新聞社
吉岡斉（2011）『原発と日本の未来』岩波書店
ラジャン、カウシック・S.（2011：原著2006）『バイオ・キャピタル』塚原東吾訳、青土社

Agamben, Giorgio（1997a）*Homo Sacer*, Paris, Seuil.
Agamben, Giorgio（2003a）*Etat d'Exception*, Paris, Seuil.
Agamben, Giorgio（2003b）*Ce qui Reste d'Auschwitz*, Paris, Payot & Rivages.
Agamben, Giorgio（2006a）*L'Ouvert*, Paris, Payot & Rivages.
Agamben, Giorgio（2008a）*Le Règne et la Gloire*, Paris, Seuil.
Foucault, Michel（1961）*Histoire de la Folie à l'Age Classique*, Paris, Plon.
Foucault, Michel（1975）*Surveiller et Punir*, Paris, Gallimard.

Foucault, Michel (1976) *La Volonté de Savoir*, Paris, Gallimard.
Foucault, Michel et al. (1979) *Les Machines à Guérir*, Bruxelles, P. Mardaga.
Foucault, Michel (1997) « *Il faut Défendre la Société* », Paris, Gallimard.
Foucault, Michel (1999) *Les Anormaux*, Paris, Gallimard.
Foucault, Michel (2003) *Le Pouvoir Psychiatrique*, Paris, Gallimard.
Foucault, Michel (2004a) *Sécurité, Territoire, Population*, Paris, Gallimard.
Foucault, Michel (2004b) *La Naissance de la Biopolitique*, Paris, Gallimard.

IV
生命倫理の原理論

1 バイオサイエンス時代におけるサクセスフルエイジング
―― 身体の健康から、精神の健康へ ――

権藤恭之

はじめに

　我が国は、世界に冠たる長寿社会である。国民の多くが高齢期に対して関心をもち、マスコミで高齢期に関する記事が掲載されない日はないといえる。また、多くの学問領域においても高齢期に対する関心が高まり、様々な学会で関連報告がなされている。なぜ、これほど高齢期に対して興味が集まるのであろうか。もちろん、寿命の延長に伴い高齢者人口が急速に増加していることが最も大きな理由であることは間違いない。しかし、最も根源的な理由は、高齢者人口の増加によって多くの人が死の前に長い高齢期を経験する（しなければならない）ようになったことである。さらには、その変化が急速すぎたために高齢期をいかに生きるかという指針や哲学が存在しないことにある。

　人生50年と言われていた時代は、死が普遍的に存在していた。このような状況では、生か死かという二者択一の選択の問題を考えることが求められ、命を長らえることはそれだけで喜ばしいことで、それ自体に意味があった。しかし、現代先進諸国においては、死は非日常の光景となり、生か死かといった単純な選択では済まなくなってきた。虚弱や寝たきり、認知機能の低下や認知症の発症といったネガティブな変化を伴う高齢期をいかに生きるかという新たな問題が加わったのである。

　この人間の尊厳に関する問題は、これまでも存在していなかったわけではない。古くはローマ時代にはキケロが老年について語っており、イギリスで

は19世紀に長寿に関する関心が高かった（カークウッド，2002）。サクセスフルエイジング（successful aging）という概念は、いかに高齢期を生きるかという指針にかかわる概念で、これまでもこれからも老年学（Gerontology）の中心的な関心事であり続けるテーマである。サクセスフルエイジングには適切な日本語訳がないとも言われるが、筆者は「うまく年を取ること」と訳すのが良いのではないかと考えている。

　組織だった老年学研究の始まりは、1930年ぐらいだとされる。これまで80年あまりに渡って、高齢期を対象とする研究者たちは、サクセスフルエイジングについて考えてきた。研究の進展に伴ってサクセスフルエイジングの概念も変遷してきたが、老年学が内包する学問領域の多様性によって、今日までサクセスフルエイジングには、多様な構成概念を含まれ様々なモデルが並行して提案されてきた。また、時代の推移にともなって高齢者の人口構成は変化し、高齢者の身体的、心理的、社会的特徴も改善しており、サクセスフルエイジングの概念を適用すべき高齢者自体の定義が不明確になってきている。これらの現状を考慮すると、これまで考えられてきたサクセスフルエイジングのモデルを再考する必要があるだろう。本論考では、はじめに高齢化の現状を解説する。次にサクセスフルエイジングのモデルを紹介する。そして、現代社会においては従来のサクセスフルエイジングが適用できないことを、筆者が行ってきた超高齢者研究を中心に紹介する。最後に心理的サクセスフルエイジングモデルの重要性を指摘し、超高齢社会におけるサクセスフルエイジングのモデルを提案したい。

高齢社会の現状

　改めて言及するまでもないが、超高齢社会が出現した背景には、多くの国民が高い年齢まで生きることが可能となったという現実がある。我が国の平均寿命は1947年には男性50.1年、女性54.0年であったが、2008年にはそれぞれ79.6年、86.4年となった。集団の平均寿命の延長には2つのフェイズがあり、初期には乳幼児死亡率の低下が大きく関与する。その影響を排除するために、同じ期間の40歳の平均余命の変化を見ると、男性で26.9年か

ら40.5年、女性で30.4年から46.9年と約1.5倍に伸びている。この傾向は高齢期においてより顕著であり、65歳の平均余命は男性18.6年、女性23.6年で、1947年からは約2倍の長さとなった。これは、現在65歳まで生き残った人の半数は、男性83.6歳、女性88.6歳まで生きることを意味する。

平均寿命が延びることは、人類が飢えや感染病を克服してきた結果であり、それ自体は人類の成功の証だといえる（カークウッド，2002）。しかし、現代社会ではその影響に関して、良悪両側面が顕在化しているようだ。良い側面は、余命の延長によって仕事や子育てといったライフコースにおける義務的な役割を担う期間を終了した後に、それらの社会的制約に束縛されない自由な時間が出現したことである。多くの動物が生殖可能期間を終了した後、速やかに死亡する中で、長い余命を持つことは人間の特徴である。しかし、人間は子供扶養の期間が長いので、実際に自由な時間が出現したのは、近年高齢期の死亡率が低下するようになってからである。悪い側面に関しては、詳しくは後述するが、高齢期には慢性病への罹患、認知症の有病率や寝たきりの割合の上昇という特徴がある。高齢者人口の増加は、障害を持つ高齢者の実数を上昇させた。その結果は、必要以上に年を取ることに対する負のイメージと結びついているといえよう。

これらの寿命の延長に関する問題について、人口学的視点から2つの対立仮説が提出されている。前者は、寿命が延びるに伴って不健康で過ごす期間や障害を持った期間が短縮するという Compression of morbidity 仮説（Fries, 1980）である。この仮説は、当時の米国の統計に基づき、人間の平均寿命の延びの限界を約85歳に設定をしている。現代社会における社会環境や衛生面などの健康に影響する要因が改善することで慢性病の発症年齢がより高齢にシフトするが、寿命の延びには限界があるため、病気を抱える期間が短縮し、疾病に罹患せずに寿命が終わることで健康期間が延びると仮定している。

もう一方の仮説はそのモデルを支持しない No Compression of morbidity 仮説、もしくは、不健康期間が延びる Expansion of morbidity 仮説とよばれ、寿命の延長によって健康な期間は延長するものの、老化が先送りされているだけなので、慢性病の発症年齢が遅くなっても、その後の不健康期間は同じ

だけ残る、もしくは長くなると考える。

　いずれの仮説が現実を説明しているのかを検証することは、様々な政策立案に影響する重要な案件であり、現在先進各国で検証されている。その際に用いられる指標が、障害を持たずに生活できる期間をさす、活動余命（active life expectancy）や健康余命（health life expectancy）と呼ばれるものである。研究例は辻（1998）に詳しいが、例えば米国において高齢者の健康状態の変化を1982年から縦断的に追跡している研究によれば、誕生年が後の世代の高齢者の活動余命は前の世代の高齢者よりも長く、その傾向は将来的にも継続し、またより高い年齢でもその傾向は一貫していると予測している（Manton et al., 2008）。わが国における例を挙げると、地域住民を対象にした研究において高齢者の機能年齢は、1992年と2002年を比べると、男性で7.5歳、女性で10歳程度若くなっていたと報告されている（鈴木・權, 2006）。これらの結果は、健康状態を維持し高い年齢まで生きることができれば、障害された期間が短くなるというCompression of morbidity仮説を支持するものといえる。

　一方、先述したように、先進各国では高齢者の余命の延長によって、より高い年齢の高齢者が増加している傾向がみられる。我が国の状況をみると、2009年時点での年代別人口構成は、65歳以上の高齢者が23.1％、年齢区分別に分けると65-74歳の前期高齢者12.1％、75-84歳の後期高齢者7.9％、85歳以上の超高齢者が2.9％である。しかし、20年後には、出生率、死亡率が予測される値の広がりの真ん中（中位推計）になったとしても、総人口が減少傾向にあるため高齢者人口は32％となり、年齢区分別に見ても、若い年齢層から12％、12％、7％と、後期高齢者、超高齢者の割合が増加すると予想されている。

　年齢が高いと、様々な障害や疾病のリスクが高まる。2008年の入院患者の割合は前期高齢者では約2％に過ぎないが、超高齢者では約9％に上昇する。また、認知症の有病率に関しては、前期高齢者では5％以下であるが、超高齢者では25％を上回る（下方, 2004）。また、欧米の研究では超高齢者の認知症の有病率が48％であったという報告もある（Evans et al., 1989）。筆者らが

東京都で実施した、地域在住の85歳以上の高齢者の悉皆調査においても、42%で何らかの介護が必要なことが報告されている（権藤ら，2005）。高い年齢の高齢者においては、認知機能、身体機能の低下が最も大きな問題となる。もし、Compression of morbidity が超高齢期にも当てはまり、高い年齢まで生存した個人ほど障害期間が短くなるのであれば、世界的な超高齢化の進行は問題とならないだろう。しかし、現実問題として、世界最長寿国の我が国では平均余命は伸び続けており、後期高齢者では Compression of morbidity が観察されないという報告もある（Parker et al., 2005）。辻（1998）は、我が国の高齢者の健康状態は諸外国に比べて高いが、障害を持った場合には重篤化し健康余命を短縮させるとしている。世界的に見てもこれらの傾向を検証するための精度の高いデータが不足しているため、組織的な研究の必要性が指摘されている（Robine & Michel, 2006）。現在、ヨーロッパの人口学者が中心となり、ヨーロッパの国々の寿命と健康寿命の関係に関するデータが蓄積されつつあるが、両者の関係は、国によって異なり、健康寿命は必ずしも寿命の伸長に伴って延びるものではないことが指摘されている。

　寿命の上限近くまで到達した百寿者の健康状態の年代に伴った変化からは、興味深い現象がみられる。現在比較可能なデータは我が国とデンマークの2国のみにしか存在しないが、両者はまったく異なる傾向を示す。100歳丁度の人を比較すると、デンマーク百寿者研究（Engberg et al., 2008）では、トイレが自立可能な参加者の割合は男女とも70％と報告されているが、東京百寿者研究（Gondo et al., 2006）では男性で58％、女性では43％とその割合は低い。また、デンマークでは、1895年生まれと1905年生まれの百寿者の100歳時の身体機能の状態を比較した結果、女性だけではあるが1905年生まれの百寿者では身体機能が向上していたと報告されている。一方、我が国では1974年以降これまで数回百寿者の全国調査が行われているが、それらの結果を概観すると、近年の調査になるほど寝たきりの数が増加しているのである（権藤，2007）。これらの違いは、人種の違いで生じる可能性も否定できないが、日本の先進的な医療福祉システムや親孝行や敬老といった高齢者を大切にする精神の高さと、西洋の個の尊厳のために自立を重視する考えといった

文化的な背景の影響が強いのではないだろうか。

　平均寿命と健康寿命の関係に関しては、これまでの知見を総括すると、すくなくとも若い年齢の高齢者においては、健康状態の改善傾向が顕著である。つまり、現在高齢者になりつつある団塊の世代の人たちにおいては、Compression of Morbidity が生じているといえる。したがって、若い高齢者層に関しては、機能的側面では中年期が継続していると考えるべきであろう。一方で、年齢の高い高齢者層ではその傾向は明確ではない。現実に超高齢者では虚弱者の割合が高いことを考慮すると、今後さらに平均寿命が延長した場合には、仮説の前提となるヒトの寿命の限界が堅持されないため、Compression of Morbidity が観察されなくなる可能性は高い。

サクセスフルエイジングモデルの概要

　老年学は学際的な学問としての特徴を持つが、そのためにサクセスフルエイジングに関するモデルも研究領域ごとに異なった論議がなされている。1960年代には社会老年学的な視点から、離脱理論（Disengagement theory）と活動理論（Activity theory）と呼ばれる2つの立場の間でのサクセスフルエイジングモデルに関する論争があった（詳細は小田（2004）を参照）。離脱理論では、高齢期には身体的、認知的な制約が生じてくるので、それに逆らわず徐々に社会からの距離をおき（離脱し）、自己の内面に注目することが自然な加齢の過程であると考える。一方、活動理論においては、一般の若い年代の人達と同様に、元気でアクティブであることを重視し、中年期からあまり変わらない枠組みで生活を送ることが高齢者にとって幸せだと考える。つまり、前者は喪失を前提とし、その受容に重点を置き、後者は喪失を防ぐことに重点を置いているといえる。これら2つの立場は、改めて両理論を比較検証した結果、双方の理論とも利点と欠点があることが指摘されており（Havighurst, 1961）、現在では直接検証の対象にはならないが、現代のサクセスフルエイジングのモデルはいずれかの理論の影響を受けていると言える（小田, 2004）。その後、社会老年学的視点に立ったモデルでは、個人ごとに幸福のあり方が異なり、その個人が快適な状態を継続することが重要であるとする継続理論

（Continuity theory）が提案されている（Atchley, 1989）。これは、離脱理論と活動理論の個人レベルでの選択を考慮したモデルといえる。

その後、老年学が学際的な傾向を強めるのに伴い、医学、心理学的側面からもサクセスフルエイジングに関する理論が提唱されるようになった。ボウリングとディッペ（Bowling & Dieppe, 2005）は、サクセスフルエイジングに関する枠組みを分類し、生物医学的理論（Biomedical theories）、心理社会的な枠組み（Psychosocial approaches）、それらの混合的な理論、一般の人々の考え（Lay views）に分けている。

一般の人々の考えは、最も単純なモデルであり、身体的健康を最も重視し、病気にならず、障害を持たず、ぼけないことをサクセスフルエイジングの条件とするものと言える。日本には昔からぽっくり寺として知られた寺があり、ピンピンコロリの願をかけに訪れる高齢者も多い。近年は、ピンピンコロリは PPK と称され健康長寿を願う人々のキャッチフレーズとなっている。筆者は以前韓国で長寿に関する講演会において日本の PPK という言葉を紹介したことがあるが、講演後 1 人の聴衆から韓国には「9988123」という言葉があると教えられた。この意味は、99 歳まで 88（同音異義語で元気という言葉があるとのこと）1、2、3 日で死ぬという意味とのこと。寡聞にして他の文化圏で同じ意味の言葉があるかは知らないが、一般の人達の PPK がサクセスフルエイジングだという考えが国を超えても共有されていることを経験できた良い機会であった。

さて、他の領域におけるサクセスフルエイジングを見ると、生物医学的領域では一般の人達の考えと近く、身体、心理的機能低下と障害を避け、余命を伸ばすことを重視しており、その枠組みの中でサクセスフルエイジングに影響する要因を解明することを目的とした研究が多くなされてきた。その集大成ともいえる理論が、ロウとカーン（Rowe & Kahn, 1987; 1997）のモデルである。彼らは、1984 年に始まったマッカーサ財団の助成を受け、米国の高齢者を対象として行われた縦断研究のデータを用いて、病気や障害がないこと、認知、身体機能の維持、社会との生産的な関わりの 3 つの側面を維持することがサクセスフルエイジングとした。彼らのモデルの優れた点は、サク

セスフルエイジングの要因として社会との生産的な関わりを挙げている点である。ただし、3つの側面は病気や障害、認知、身体機能、社会活動の順番で階層的構造があり、身体機能が維持されることが上位の活動を可能にすると考えている点で生物医学的理論を基礎とした混合モデルといえる。なお、彼らのモデルは当時、一般の人や多くの医学生物学モデルが機能を重視していたことを考慮すると、サクセスフルエイジングの要因として心理社会的側面を含んでおり、エポックメイキングなモデルであり、その評価は現在も変わらない。

　一方、実際にサクセスフルエイジングの状態像を検証した研究では、機能面の維持は絶対的な条件ではないことも報告されている。65歳から99歳の一般高齢者を対象に行った調査では、ロウとカーンの基準では18.8％しかサクセスフルに分類されなかったのに対して、高齢者の自己評価では50.3％がサクセスフルだと回答していた（Strawbridge et al., 2002）。また、ロウとカーンの基準ではサクセスフルと分類された高齢者の36.8％が自己評価ではそうではないと回答していた（Strawbridge et al., 2002）。また、筆者らが65歳から84歳の地域在住高齢者1231人を対象に身体機能、疾病と幸福感などによって高齢者の心身機能の状態をタイプ分類した研究においても、すべての状態がよい群（19.5％）だけでなく，疾病に罹患していても、その他の要素は全体的に良好な群（37.1％）を分離することができ、疾病が必ずしもサクセスフルエイジングを妨げるものではないことが指摘されている（小川ら, 2008）。このような結果が示される背景には、個人がサクセスフルだと感じる要因が個人の身体状況や社会環境によって異なることが考えられる。先に述べた一般の人々の考え（Bowling & Dieppe, 2005）においても、身体機能の高さは第1に挙げられるサクセスフルエイジングの要件ではあるが、それに付帯して人生満足感、生きがいや目的のあること、経済的安定、業績や生産性、ユーモアのセンス、スピリチュアリティなど多くの項目が同時に挙げられる。このような事実は、高齢者のサクセスフルエイジングには機能的な側面もさることながら、心理的な要因が重要であることを示唆しているといえる。実際に、ロウとカーンのモデルに肯定的な精神的状態（positive spirituality）

という第4の側面を付加することが必要だとの提案もなされている（Crowther et al., 2002）。

超高齢者における社会老年学・生理学・医学のサクセスフルエイジングモデルの限界

　ここまで、いくつかのサクセスフルエイジングのモデルを紹介してきたが、超高齢社会の進行に伴う虚弱者の増加は、従来のサクセスフルエイジングの概念の変革を迫るかもしれない。バルテスらの研究グループは、超高齢期を視野に入れたベルリンエイジング研究（Baltes & Mayer, 1999）の結果から、超高齢者は若い高齢者と比較して学習能力の低下や人生満足感やポジティブ感情の低下などネガティブな側面が増えることを報告している。そして、このような状態を心理的な死（Psychological mortality）と呼び、超高齢期の人々の尊厳の維持が今後の先進国が抱える大きな問題になると指摘している（Baltes & Smith, 2003）。つまり、健康や認知機能などサクセスフルエイジングを支える資源が枯渇してくる超高齢者においてサクセスフルエイジングの達成が脅かされると考えているのである。　しかし、筆者は1999年から百寿者や超高齢者を対象とした研究を行ってきた経験から、超高齢期においてもサクセスフルエイジングの達成は可能であると考えている。ここからは、それらの研究成果を紹介したい。

　東京百寿者調査は、2000年から約3年かけて東京都23区に在住の100歳以上の高齢者を対象として、郵送および自宅訪問を行い、医学生理的状態、認知機能や性格傾向や幸福感等の心理的指標を測定することで、百寿者の状態を記述し、サクセスフルエイジングの達成状況を明らかにすることを目的として実施した研究である。全参加者中、訪問調査に参加した304名を対象に身体的側面（視聴覚機能と身体的自立）および認知的側面（認知テストおよび観察者評定）から機能状態を4段階に分類した。その結果、まったく障害がない極めて優秀群2％、視聴覚に問題はあるが両機能とも障害がなく自立と分類される正常群18％、認知機能もしくは身体機能に障害がある虚弱群55％、両機能ともに障害がある非常に虚弱群25％となり、先に述べたロウと

IV 生命倫理の原理論

カーンのサクセスフルエイジングの基準を満たす百寿者は極めて少数に過ぎないことが明らかになった (Gondo et al., 2006)。注目すべき点は、虚弱群には認知機能に障害はないが身体的自立が困難な対象者が存在したが、同時に測定した主観的幸福感を測定する尺度である PGC モラール・スケール(古谷野ら, 1989) の得点は、身体的自立の有無での違いはなく、さらに若い年代の高齢者で観察される年齢に伴った得点の低下傾向から予想された100歳時点の得点よりも高いことがわかった (権藤, 2002)。このことは、ロウとカーンのモデルを満たすことが出来なくとも心理的にはサクセスフルエイジング、すなわち、しあわせな状態を達成することが可能であることを示していた。

ただし、百寿者を対象とした研究には、いくつか問題点がある。特に心理学的評価に関しては認知症もしくは認知機能の低下が顕著な参加者が多いために、分析可能な対象者数が少なくなり、調査の信頼性に対して疑問を持たれることが多い。そこで、百寿者で観察された身体機能の低下と主観的幸福感の高さの関係を少し若い年代で再検討するために、85歳以上の地域在住高齢者を対象とした悉皆調査を実施することにした (岩佐ら, 2005；権藤ら, 2005；権藤ら, 2006)。調査対象者は板橋区I地区に居住していた85歳から103歳の超高齢者311名で、本人もしくは同居家族あるいは両者に調査協力を求めた。いずれかの形で調査に協力いただけた対象者は235名 (参加率75.6%) であった。先にも紹介したが、対象者の内42%は何らかの介護が必要であった。しかし興味深いことに、介護が必要な対象者と必要でない対象者の間では、うつ傾向には違いが認められたが、主観的幸福感尺度得点には差が認められなかった (権藤ら, 2005)。次に、前期高齢者と後期高齢者を加えて、客観的な身体指標である握力、病気の有無および日常生活機能、そして主観的な心理指標である主観的健康観、主観的幸福感尺度の比較を行った。その結果、客観的身体指標は年齢群が高くなるにつれて悪化の傾向が顕著であったが、主観的心理指標ではその傾向は明確ではなく、後期高齢者と超高齢者間の差は観察されなかったのである。さらに、主観的健康観および主観的幸福感に対する客観的身体機能の影響を年齢群ごとに検討した結果、前期高齢者および後期高齢者では身体機能と主観的評価の間に正の影響が確認さ

れたが、超高齢者ではその関係が明確ではなくなっていた。これらの超高齢者を対象にした研究結果は、百寿者を対象とした結果と同様に、身体的自立や疾病といった若年高齢者においては精神的な健康に影響する要因が、超高齢者以降の主観的評価には影響が低下することを示唆していた（権藤ら，2006）。同様の傾向は欧米における研究においても観察されており（Jopp & Rott, 2006; Jopp et al., 2008）、その背景にあると考えられる心理的な要因について興味が向けられている。

心理的サクセスフルエイジングとは

　上記のように超高齢者では身体的な状態が心理的な幸福感とは乖離する可能性が示されている。以下では心理的なサクセスフルエイジングについて紹介する。先に紹介した社会学的、生物医学的モデルが、ある時点での個人の状態像を評価しているのに対して、心理学的モデルは心理的な適応プロセスに注目している点が最も大きな違いであると言える（Ouwehand et al., 2007）。筆者はそれらを、論理モデルと非論理モデルに分けることができると考えている。論理モデルの代表は、生涯発達心理学者のバルテスらによる生涯にわたる生活や人生のマネージメントに関する3つの方略である選択（Selection）、最適化（Optimization）、補償（Compensation）に注目したSOC理論（Baltes, 1997）である。この理論によれば、人は加齢に伴う喪失を能動的に補うのであって、喪失に対して受動的な対処をしているのではない。そして、これらの方略をうまく使うことが、幸福感につながるとしている。選択は、自分が持っている資源を実現可能な選択肢（目標）に向けることであり、新たな課題に対して向ける状況（Elective selection）と現状もしくは将来の機能の喪失を見越して行う選択（Loss based selection）に大きく分かれる。最適化は高い機能レベルの実現を目指し、自分の持つ資源を洗練したり、調節分配したり、あるいはモーティベイションを高めることを指す。補償は、かつて保持し利用出来ていた資源の喪失や低下のために維持できなくなってきた機能を、新たな資源獲得や方略を用いて維持しようとする意思を指す。

　バルテスはSOC方略の説明に、80歳を超えても高い評価を受けていたピ

アニストのルービンシュタインの例をよく取り上げていた。彼は若い時から速弾きが売りであったのだが、加齢に伴い指の動きが遅くなり、若い頃と同じような演奏ができなくなったのである（喪失）。その時に彼は速く弾くという目標をやめ、楽曲のレパートリーを減らした（喪失に伴う選択）。次に限られた楽曲の練習に集中し（最適化）、最後に曲の速弾きの部分の前では演奏速度を遅くすることで観客は以前と同じように速く感じられるというテクニックを用いる（補償）ことで「喪失」にうまく適応できたのである。このような加齢に伴う喪失に適応するプロセスを繰り返すことこそがサクセスフルエイジングに必要だという主張には大いに共感できる。また、高齢者の人間関係のあり方の研究から発展したカーステンセン（Carstensen, 2006）による社会情緒的選択性理論（socioemotional selectivity theory）も論理的モデルと考えることができる。彼女は、将来展望（残された時間）と感情状態の制御の関係に注目し、高齢者に限らず、死が近づき残された時間が限られた状況下では、人間は知識などの新しい情報の探求より感情的な満足を求めるようになり、様々な側面で感情がポジティブになるような選択を行うことを調査や実験的手法を用いて検証している。

　筆者がこれらのモデルを論理的モデルとする根拠は、これらのモデルの背景に認知的な処理が強く介在していることが示唆されるからである。SOC理論を検証した研究は少ないが、SOC方略の選択傾向を尺度によって評価した研究では、SOC方略が最も用いられるのは、高齢期に比べてワーキングメモリーや注意の実行制御に関する認知的資源が豊富な中年期であることが示されている（Freund & Baltes, 1998）。社会情緒的選択性理論における感情制御も、感情を制御するためには認知的な資源が必要とされる。例えば、同じ高齢者の中でも物事のポジティブな部分に注目することができる高齢者は、そうでない高齢者と比較するとワーキングメモリー容量が大きいという傾向が報告されている（Mather & Charstensen, 2005）。これらの結果は、論理的モデルが機能するためには高い認知的資源が必要であることを示す。その前提を考慮すると相対的に認知機能が低下する超高齢者で精神的健康が良い傾向が観察されることを上手く説明できているとは考えにくい。

他方、非論理モデルは論理的モデルのようにメカニズムを言及するものではなく、モデルとして洗練されていないが、高齢者の中でも特に年齢の高い超高齢者の心理的な状態の説明には最適である。筆者が注目している知見を二つ紹介する。まず第1は生涯発達心理学のモデルで著名なジョアン・エリクソンによる記述である。彼女は夫とともに8段階からなる、越えなければならない発達の課題を設定した生涯発達理論を提唱している。発達の最終段階は「英知か絶望」と呼ばれ、人生の最終場面では人生を受け入れ、自分自身の存在を受け入れることが重要で、それに成功した場合は英知、うまくいかない場合は絶望に陥るとした。ところが、彼女は93歳の時に執筆した著書で、自ら身体的虚弱を経験し、その状態を受け入れる新たな心性の発達を経験したことから、発達段階は8段階では十分でなく次の第9段階の存在を指摘したのである（Erikson & Erikson, 1997）。また、彼女は同著の中で、理論的には不完全だと前置きをしているものの、次に紹介するスウェーデンの社会老年学者トレンスタム（Tornstam）が唱えた、老年的超越（Gerotranscendence）という概念（Tornstam, 2005）が自分の心理状態に当てはまる可能性を示唆している。

　トレンスタムによると、老年的超越とは加齢に伴って発達する心理的側面で、その発達に伴って社会との関係や自己に対するこだわりが弱まると共に、宇宙的意識が高まるとしている。社会との関係においては、若いころの広く浅くという対人関係から少数の人との深い付き合いを好むようになり、社会的役割にこだわりがなくなる。自己意識においては、自己中心性が低下し、これまでの自己概念が変化し自分自身を受け入れるようになる。宇宙的意識の高まりとは、時間や空間の感覚が変化し自分の過去の経験を鮮やかに再体験し、先祖や死別した個人、さらに生物や大いなるものとの結びつきや一体感を強く感じるようになる変化を意味する。筆者らは、彼の概念を中心に日本の超高齢者を対象にインタビュー調査を行い、老年的超越尺度を作成した（増井ら，2010）。次に、地域在住の超高齢者を対象に老年的超越尺度と身体機能そして精神的健康の関係を検証した。その結果、身体機能が低くても老年的超越尺度の得点が高い場合は精神的健康が悪くないことを明らかにした

(増井ら，2010)。つまり、身体的機能の低下という超高齢期の実存的な問題に直面していても、老年的超越が示すような心理的な発達があれば、精神的な健康は維持できる可能性を示したのである。このことは同時に、認知的な資源が低下し論理的な方略が使えない可能性が高い超高齢者において、論理的ではない適応方略によって精神的健康を維持することを示唆するものともいえる。ただし、非論理的モデルの問題は、その背景にあるメカニズムが明確でない。今後、超越的な発達とその背景にある思考のメカニズムを明らかにすることが求められる。

新しいサクセスフルエイジングモデルを求めて

　ここまで、主なサクセスフルエイジングモデルとそれらを超高齢者に適用する限界を指摘してきた。しかし、これまでのサクセスフルエイジングのモデルがまったく機能しないわけではない。むしろ、ある年齢層の人達の状態をうまく表している。問題は、寿命が大きく延長し多くの人が長い高齢期を過ごすようになった現代におけるサクセスフルエイジングのモデルが確立されていないことであるといえる。筆者が注目している老年的超越は超高齢者には適応できる可能性が高いが、健康状態が良い前期高齢者では、そもそもそのような心理的な状態である必要がないし、もしそのような状態であれば不活発で不適応だといえる。また、脳梗塞などで障害を持った場合でも、回復の可能性がある場合は、同様に回復の妨げになる可能性が高い。超高齢期を含めてサクセスフルエイジングのモデルを構築することは、今後の高齢者研究において最も重要な研究テーマといえる。その際に忘れてならないのは、高齢期が非常に長くなり、年齢と緩やかな相関を持ちながらも様々な状態像の高齢者が様々な年齢層に分布していることである。このような集団を対象に単一のサクセスフルエイジングのモデルを適用することは無謀なのではなかろうか。今後、一般の考え、社会学モデル、医学生理学モデル、心理学的なモデルを組み合わせた長期にわたる高齢期のそれぞれのフェイズを鳥瞰できるモデルを構築することが必要になるだろう。

最後に

　はじめに述べたが、現在我が国で見られる光景は、先進諸国だけの姿ではない。近い将来、経済発展の目覚ましい東南アジアその他の国々でありふれたものとなるだろう。老化理論研究者カークウッド（2002）は、自ら滞在したアフリカとイギリスの状況を比較しつつ、高齢者人口の少ない地域では、高齢者となること自体がまれで、その結果として高齢者は尊ばれるが、容易に高齢者となれる社会では、そうではなく、むしろ見下されるという現実を指摘しながら、本章のはじめに紹介したように、寿命が延長していること自体は人類にとってのサクセスなのだと指摘している。筆者もその考え方に全く異存はない。しかしながら、今後バイオサイエンスの発展に伴って、さらなる高齢化が進行することが予想される。そのような将来を見据えると、サクセスフルエイジングの概念も状況に合わせてさらに変化させる必要があるだろう。老年学は、人類が経験したことのない長い高齢期の問題を扱う学問領域として生まれた。高齢期に生じる問題は身体機能、社会的関係、認知機能など様々な領域で生じることから、何度も述べたように、老年学の特徴はその学際性である。しかしながらこれまでは、老年学は Multi-disciplinary ではあるが Inter-disciplinary ではないという批判も多かった。バイオサイエンス時代においては、Inter-disciplinary な方向に舵をとり様々な領域の知見を統合したサクセスフルエイジングのモデルを構築する必要がある。

〔引用文献〕

Atchley, R. (1989) A continuity theory of normal aging. *The Gerontologist*, 29 (2), 183.

Baltes, P. B. (1997) On the incomplete architecture of human ontogeny. Selection, optimization, and compensation as foundation of developmental theory. *American Psychologist*, 52(4), 366-380.

Baltes, P. B. & Mayer, K. U. (Eds.) (1999) *The Berlin Aging Study: Aging from 70 to 100*. Cambridge University Press, New York.

Baltes, P. B., & Smith, J. (2003) New frontiers in the future of aging: from successful aging of the young old to the dilemmas of the fourth age. *The Gerontology*, 49(2), 123-135.

Bowling, A., & Dieppe, P. (2005) What is successful aging and who should define it? *British Medical Journal*, 331(7531), 1548-1551.

Carstensen, L. (2006) The influence of a sense of time on human development. *Science*, 312(5782), 1913-1915.

Crowther, M., Parker, M., Achenbaum, W., Larimore, W., & Koenig, H. (2002) Rowe and Kahn's model of successful aging revisited: Positive spirituality-The forgotten factor. *The Gerontologist*, 42(5), 613.

Erikson, E., & Erikson, J. (1997) *The Life Cycle Completed; A Review (Expanded Edition)*. Norton & Company, New York／(村瀬孝雄・近藤邦夫訳:ライフサイクル,その完結〈増補版〉,みすず書房,2001年).

Engberg, H., Christensen, K., Andersen-Ranberg, K., Vaupel, J. W., & Jeune, B. (2008) Improving Activities of Daily Living in Danish Centenarians — But Only in Women: A Comparative Study of Two Birth Cohorts Born in 1895 and 1905. *Journals of Gerontology Series A: Biological Sciences and Medical Sciences*, 63(11), 1186-1192.

Evans, D. A., Funkenstein, H. H., Albert, M. S., Scherr, P. A., Cook, N. R., Chown, M. J., Hebert, L. E., Hennekens, C. H., & Taylor, J. O. (1989) Prevalence of Alzheimer's disease in a community population of older persons. Higher than previously reported. *The Journal of the American Medical Association*, 262(18), 2551.

Fries, J. F. (1980) Aging, natural death, and the compression of morbidity. *The New England Journal of Medicine*, 303, 130-135.

Freund, A. M., & Baltes, P. B. (1998) Selection, optimization, and compensation as strategies of life management: Correlations with subjective indicators of successful aging. *Psychology and Aging*, 13, 531-543.

権藤恭之(2002)長生きはしあわせか―東京百寿者調査からの知見―.行動科学,41(1),35-44.

権藤恭之(2007)百寿者研究の現状と展望.老年社会科学 28(4),504-512.

権藤恭之,古名丈人,小林江里香,稲垣宏樹,杉浦美穂,増井幸恵,岩佐 一,阿部 勉,藺牟田洋美,本間 昭,鈴木隆雄(2005)都市部在宅超高齢者の心身機能の実態:～板橋区超高齢者悉皆訪問調査の結果から【第1報】～.日本老年医

学雑誌, 42(2), 199-208.

Gondo Y, Hirose N, Arai Y, Inagaki H, Masui Y, Yamamura K, Shimizu K, Takayama M, Ebihara Y, Nakazawa S, & Kitagawa K. (2006) Functional status of centenarians in Tokyo, Japan: developing better phenotypes of exceptional longevity. *The Journals of Gerontology Series A: Biological Sciences and Medical Sciences*, 61(3), 305-10.

権藤恭之, 小林江里香, 岩佐 一, 稲垣宏樹, 増井幸恵, 藺牟田洋美 (2006) 超高齢期における身体的機能の低下と心理的適応, 板橋区超高齢者訪問悉皆調査の結果から. 老年社会科学, 27(3), 327-338.

Havighurst, R. (1961) Successful aging. *The Gerontologist*, 1(1), 8-13.

岩佐 一, 河合千恵子, 権藤恭之, 稲垣宏樹, 鈴木隆雄 (2005) 都市部在宅中高年者における7年間の生命予後に及ぼす主観的幸福感の影響. 日本老年医学雑誌, 42(6), 677-683.

Jopp, D., & Rott, C. (2006) Adaptation in very old age: exploring the role of resources, beliefs, and attitudes for centenarians' happiness. *Psychology and Aging*, 21(2), 266-280.

Jopp, D., Rott, C., & Oswald, F. (2008) Valuation of life in old and very old age: the role of sociodemographic, social, and health resources for positive adaptation. *The Gerontologist*, 48(5), 646-658.

トム カークウッド (著), 小沢 元彦 (翻訳) 生命の持ち時間は決まっているのか ―「使い捨ての体」老化理論が開く希望の地平, 2002, 三交社.

古谷野亘, 柴田博, 芳賀博, &須山靖男 (1989) PGC モラール・スケールの構造―最近の改訂作業がもたらしたもの―. 社会老年学, 29, 64-74.

Mather, M. & Carstensen, L. L. (2005) Aging and motivated cognition: The positivity effect in attention and memory. Trends in Cognitive Science, 9, 496-502.

Manton, K., Gu, X., & Lowrimore, G. (2008) Cohort changes in active life expectancy in the US elderly population: Experience from the 1982-2004 National Long-Term Care Survey. *Journals of Gerontology Series B: Psychological Sciences and Social Sciences*, 63(5), S269.

増井幸恵, 権藤恭之, 河合千恵子, 呉田陽一, 髙山 緑, 中川 威, 高橋龍太郎, 藺牟田洋美 (2010) 心理的 well-being が高い虚弱超高齢者における老年的超越の特徴―新しく開発した日本版老年的超越質問紙を用いて 老年社会科学, 32(1):

33-47.
小川まどか,権藤恭之,増井幸恵,岩佐 一,河合千恵子,稲垣宏樹,長田久雄,鈴木隆雄(2008)地域高齢者を対象とした心理的・社会的・身体的側面からの類型化の試み.老年社会科学,30(1),3-14.
小田利勝(2004)老年社会学における適応理論再考.神戸大学発達科学部研究紀要,11(2),361-376.
Ouwehand, C., de Ridder, D. T., & Bensing, J. M. (2007) A review of successful aging models: proposing proactive coping as an important additional strategy. *Clinical Psychology Review*, 27(8), 873-884.
Parker, M. G., Ahacic, K., & Thorslund, M. (2005) Health changes among Swedish oldest old: prevalence rates from 1992 and 2002 show increasing health problems. *The Journals of Gerontology Series A: Biological Sciences and Medical Sciences*, 60(10), 1351-1355.
Robine, J. M., & Michel, P. J. (2006) Looking forward to a general theory on population aging. *Tijdschrift voor gerontology en geriatrie*, 37(4), 29-37.
Rowe, J. W., & Kahn, R. L. (1987) Human aging: usual and successful. *Science*, 237(4811), 143-149.
Rowe, J. W., & Kahn, R. L. (1997) Successful aging. *The Gerontologist*, 37(4), 433-440.
Strawbridge, W. J., Wallhagen, M. I., & Cohen, R. D. (2002) Successful aging and well-being: self-rated compared with Rowe and Kahn. *The Gerontologist*, 42(6), 727-733.
下方浩史(2004)痴呆の疫学的事項 我が国の疫学統計 日本臨床,62(増刊号4),121-126.
鈴木隆雄・權 珍嬉(2006)日本人高齢者における身体機能の・縦断的・横断的変化に関する研究―高齢者は若返っているか? 厚生の指標,53(4),1-10.
Tornstam, L. (2005) *Gerotranscendence: A developmental theory of positive aging*. Springer Publishing Company.
辻 一郎(1998)健康寿命.麦秋社.

2 因果と自由について

重田　謙

導　入

　私はいままさにこの文章を書きつつあるだが、これが私の自由な行為であることに疑いの余地はないように思われる。一方で、私の心的なあるいは身体的な状態や出来事を含む自然界全体が、究極的には、それ以上分割不可能な物質の運動に還元されるとするならばそれは私が操作することのできない自然の過程でしかありえないとも思われる。そして、私たち人間の行為の自由と自然過程の「必然性」[1]というこの二つの強力な直観的見解をどのように調停させるのかは哲学における重要な問題の一つであり続けている。カントは『純粋理性批判』においてこれを二律背反の形（第三アンチノミー）で提示した[2]。

　テーゼ：自然法則に従う原因性は、世界の現象がすべてそれから導来せられ得る唯一の原因性ではない、現象を説明するためには、そのほかになお自由による原因性をも想定する必要がある。
　アンチテーゼ：およそ自由というものは存しない。世界における一切のものは自然法則によってのみ生起する。

　カントはテーゼとアンチテーゼのいずれについても証明したのだが、重要なのは第三アンチノミーについてはこれらのどちらも妥当であると主張したことである[3]。しかし、近世以降の自然科学の成立とそのたゆまぬ進展は、アンチテーゼを裏づける経験的な論拠だけをひたすら提供し続けているように思われる。たとえば高山守は次のように近年の自然科学の状況に言及して、

それを「必然化の脅威」と呼んでいる。

「ここで誰もがすぐに思い浮かべるのが、現今の自然科学的な状況だろう。遺伝子に関する研究が飛躍的に進展し、生命という神秘とも解される存在が、単なる物質的なメカニズムとして白日の下にさらされようとしている。また、脳生理学といった分野が発展し、われわれの思考、情緒、関心といったいわゆる精神の働きが、やはり物質的なメカニズムに還元されようともしている。もしも将来、このようにして生命も精神も、物質に還元されてしまうのだとするならば、一切は端的に必然化し、自由も、そして、そもそも『私』なるものも存さないことになろう」[4]。

この状況は私たちに因果と自由のアンチノミーを再考することを強く促していると言えるだろう。本論ではまずアンチノミーについてのカントの議論、特にテーゼの証明に存する問題点を瞥見する（第2節）。つぎに、カントの議論を現代の分析哲学の道具立てを援用しつつ改変する最も有力な試みであるデイヴィドソンの非法則論的一元論の概要を示し（4-1）たうえで、その前提の一つ（「素朴心理学の非法則性」）の批判を試みる（4-2）。その批判から導出できる議論をふまえて、第5節で後期ウィトゲンシュタインの意味についての議論によって規定される枠組において、因果と自由のアンチノミーに対するあらたな解決を提示することが本論の目的である。そして最後に（第6節）、そのアンチノミーの解決と密接に連関した永井均の議論を考察することで、本論で提唱するアンチノミーのあらたな解決の意義と妥当性を検討する視座を提供したい。

1　言語ゲームの地平

本節では、因果と自由のアンチノミーの考察に先立って、それについての独自の考察を試みる前提となる枠組を『哲学探究』[5]における意味（規則）をめぐる考察から抽出したい。規則論の目的は、私たちの語の無限の使用を

規制しそれを根拠づける「意味という実体 Bedeutungskörper」の像（PU§115）を徹底的に破壊することにある。その目的は次の［事実-A］を論証することによって果たされる。

　［事実-A］　語の使用を規制し根拠づける「意味という実体」と想定されるものが像・図式・代数的表現などの記号（文字記号・音声記号）であれ、またそれらが心の内に浮かぶ場合であれ、心の外に明示される場合であれ、私たちに自然に思い浮かぶそれらの適用とは異なった適用の仕方をつねに考えることができる。したがってそれらは、語の使用を規制し根拠づける「意味という実体」ではない。

　表の左右を結ぶ矢印（PU§86）、立方体の図（PU§141）、「＋2」という記号（PU§185）のいずれについても私たちにはごく自然なその適用が思いつく。だからこそそれらの記号を使用していくことができるのである。けれども、それらについて私たちにとって自然ではない適用を考えることもまたつねに可能である。それらはどこまでも私たちに使用されるのを待つたんなる記号でしかないからである。したがって「意味という実体」は知覚可能なものとして時間・空間内のどこにも存在しない[6]。しかし、そのことから「私たちにはおよそ言語の意味を理解することができない」とか「そもそも言語の意味は存在しない」という懐疑論が帰結することはない[7]。というのも、規則論が提示する議論を理解しそれに納得した後には私たちはもはやいかなる記号も使用できなくなってしまう、などという事態に立ち至ることはないからである。つまり規則論が徹底的に解体した「意味という実体」は、哲学的な思考において私たちの視界を曇らせる像にすぎないのであって、その消失は意味に関するそのような種類の破壊的な懐疑論的帰結をもたらすことはないのである。

　規則論にもとづく「意味という実体」批判からそうした懐疑論が帰結することはない。けれども「意味という実体」がどこにも存在しないことを認める以上、意味が成立するためにはなんらかの記号が使用されその記号の意味

Ⅳ　生命倫理の原理論

が理解されることが不可欠になる。したがって規則論の帰結をまず次のように定式化できる。

　意味が成立する　→　なんらかの記号が使用され、その記号の意味が理解される。

　また逆の条件法も成立する。

　なんらかの記号が使用され、その記号の意味が理解される　→　意味は成立する。

　記号が使用されその意味が理解されるということのほかに語の使用を規制し根拠づける「意味という実体」は存在しえない。だから、記号が使用されその意味が理解されるだけで意味の成立には十分なのである。
　この二つの定式は「記号が使用される」「その意味が理解される」という受動態を用いてその主語を消去する仕方で表現されている。そこで消去されている主語は、なんらかの目的・意図を実現するために、記号を使用しその意味を理解する自由な主体である。その主語を顕在化させ、さらに二つの定式化をまとめると規則論の帰結は次のような双条件法によって表現できる。

　意味が成立する。⇔　任意の主体がなんらかの記号を使用しその記号の意味を理解する。

　この帰結を、後期ウィトゲンシュタイン哲学の枠組を規定しているという意味において「規則論の標準的帰結（RS）」と呼ぶことにする。その枠組を規定するウィトゲンシュタインのもう一つの重要な議論である私的言語批判の帰結は次のように定式化できる。

　私的言語論の帰結（P1）：私たちに理解可能な意味は、自分以外の他人も

またそれを理解することが可能な意味それだけにかぎられる[8]。

　基本的に RS と P1 が後期ウィトゲンシュタイン哲学の枠組を規定している。誰であれ任意の主体が記号を使用しその意味を理解するだけで意味が成立するには十分であり、逆に意味が成立するために必要なのは、誰であれ任意の主体が記号を使用しその意味を理解することだけである。しかも、そこで理解される意味はどの主体にも（原理的には）理解可能な意味、どの主体にも等しく接近可能な意味だけである。RS と P1 が規定するこの枠組を「言語ゲームの地平」と呼ぶことにしたい。

2　アンチノミー解決の試み―カント

　それでは本題に入ろう。カントは自由と因果のアンチノミーを次のように定式化した。

> テーゼ：自然法則に従う原因性は、世界の現象がすべてそれから導来せられ得る唯一の原因性ではない、現象を説明するためには、そのほかになお自由による原因性をも想定する必要がある。
> アンチテーゼ：およそ自由というものは存しない。世界における一切のものは自然法則によってのみ生起する。

　アンスコムはカント以来なじみとなった「物理的な決定論と『倫理的な』自由のいずれをも」擁護するという態度について、それらは「無意味なことば gobbledegook であるか主張されている行為の自由をまったく非実在的なものにするかのいずれかであるように思われる」と批判している[9]。そこではアンスコムはその批判の具体的な論拠を示していないが、ここではカントの議論における脆弱さの一つを簡単に確認したいと思う。
　カントの議論はテーゼの証明に異論の余地を残しているように思われる。その証明は帰謬法の形式をとっており、テーゼの証明に際してはまず「原因

性には自然法則に従う原因性だけしかない」ことが仮定される。そのとき、「いつでも下位の始まり、即ち比較的な始まりがあるだけで」「第一の始まりというものは決してありえな」くなり、「原因から原因へと遡る」「系列の完全性はまったく存在しないことになる」。「しかし自然法則の主旨は、ア・プリオリに十分規定された原則がなければ何ものも生起しない」(10)ということであり、前提から帰結する系列の不完全性はこの自然法則の主旨と自己矛盾する。それゆえ前提が否定されテーゼが証明されるというわけである。

　この自然法則の主旨を、「ア・プリオリに十分規定された因果法則が存在しなければ何ものも因果によって生起しない」と読み替えるならば、それは、ヒュームの画期的な因果関係の分析以来現在もなお旺盛に続いている因果についての哲学的探究において共有されている前提であると言える。ヒューム以降の因果についての分析として有力な立場は、確率論的な分析（H. ライヘンバッハ、I. J. グッド、P. サップス、C. サモン、J. パール、C. ヒッチコック、等(11)）、反事実的依存 counterfactual dependence による分析（D. ルイス、S. ヤブロ(12)、等）、法則論的な包摂による分析（D. デイヴィドソン、J. キム、P. ホーウィッチ(13)、等）、単称因果（C. J. デュカス、G. E. M. アンスコム(14)、等）をあげることができる。もちろんそれらは、固有のあるいは重複した理論的な問題点を抱えている。たとえば、確率論的な分析にとっては、因果の無効化 preemption、結果をもたらし損ねる場合 fizzling の問題、また反事実的依存による分析においては、フォークが実在しない場合の因果の方向の規定の問題、余剰因果 redundant causation の問題、単称因果については、そもそも単称的な因果が可能であるのかという根本的な問題がある。しかし重要なのは、これらの試みにおいて、因果法則をア・プリオリに規定するために「系列の完全性」が満足するべき条件として考慮されることはまったくないということである(15)。つまり系列の完全性がありえないとしても因果法則をア・プリオリに十分規定することは可能だと考えられているのである。この事実は、カントによるテーゼの証明の脆弱さを示していると言えるだろう。

　一方でデイヴィドソンは非法則論的一元論とカントの第三アンチノミーと

の関係について次のように述べている。

「私は、カントが次のように述べるとき、彼に共鳴せざるをえない。

> 最も常識的な推論と同様、最も精妙な哲学でさえもまた、理屈だけで自由を消去するというようなことはできない。それゆえ、哲学は同じ人間の行為において、自由と自然の必然性との間にはいかなる真の矛盾も見出されないと仮定しなければならない。なぜならば、自由の観念と同様、自然の観念もまた放棄することはできないからである。したがって、仮に自由がいかにして可能であるかということを考えることができなかったとしても、われわれは少なくともこの見かけ上の矛盾が除去されるということを人に説得しなければならない。というのも、もし自由という観念が自己矛盾していたり、あるいは自然と矛盾したりするならば（中略）、それは自然の必然性との競合において敗退せねばならないと思われるからである。

上の引用において人間の行為を心的出来事へと一般化し、自由を非法則性に置き換えるならば、それは私の問題の叙述［非法則論的一元論］となる。そして、もちろん、カントと私の間のつながりはかなり緊密である。なぜなら、自由には非法則性がともなうとカントは考えていたからである」（［　］内引用者）(16)。

この叙述では、デイヴィドソンはカントの第三アンチノミーと非法則論的一元論との類似性を強調している。しかし、第4節で詳細に検討するがデイヴィドソンによるテーゼの証明（人間の行為の自由＝心的出来事に関する理論の非法則性）はカントのテーゼの論証には依拠していない。その意味で非法則論的一元論は、カントの議論とは独立した因果と自由をめぐるアンチノミーについての彼独自の回答だと言える。

次節では多少迂回することになるが、非法則論的一元論の提示に先立って、その正確な理解と問題点の批判的検討のために二つの言語ゲームの概念を導入したい。

3 〈行為−理由連関〉の言語ゲームと〈因果連関〉の言語ゲーム

二つの言語ゲーム概念

　さまざまに起こる出来事は「誰かが為したこと」と「誰が為したのでもないこと」に分類できる。手を上げてみよう。それは私が為したことにほかならない。しゃっくりが出る。それは私が為したことでもなければ、他の誰かが為したことでもない。「誰かが為したこと」とは、自らの意志によって自由に為した行為と言い換えることができる。それは、梢が風のままにそよぐという運動や惑星による太陽の周囲の周期的な運行といった「誰が為したのでもないこと」とはまったく異なっている。

　「誰かが為したこと」とは、自らの意志によって自由に為した行為、あるいは意図的な行為を指す。そして、ある行為が意図的であるならば、行為者はその行為を合理化する（説明する）理由をもっていなければならない。例えば、ある人が指を動かし、そうすることによってスイッチをひねり、明りがつくようにし、部屋を明るくし、空き巣狙いに警告を与えたとしてみよう[17]。「なぜそのように指を動かしたのか」と問われるならば、「スイッチをひねるために」と彼は答えるだろう。そのとき、明示的に述べられてはいないものの、指をそのように動かすことによってスイッチをひねることができると彼は信じていた、と言うこともできるだろう[18]。デイヴィドソンによれば、前者で言及されているのが賛成的態度（欲求）であり、後者によって示されているのが信念である。その両者は、一般に、行為の「主たる理由 primary reason」と呼ばれ、次のようなより正確な規定を与えることができる。

　　A が記述 d のもとで意図的行為 X を行うとき、A は記述 d のもとで X を合理化（説明）する主たる理由をもっている。
　　行為者 A が、d という記述を与えられた行為 X をなす際の主たる理由が R であるのは、以下の場合に限られる。R は、ある性質を備えた行為に対す

る行為者の賛成的態度（欲求）と、dという記述を与えられたXがその性質を備えているという行為者の信念とから成り立っている。

「誰かが為したこと」が意図的な行為である以上、ここで規定された主たる理由によって合理化することが可能でなければならない。このように特徴づけることができる「誰かが為したこと」に関わる言語ゲームを、本論では「〈行為－理由連関〉の言語ゲーム」と呼ぶことにしたい。

一方、「誰が為したのでもない」出来事（しゃっくりや梢がそよぐこと）について、「なぜ」と問うことによって合理化あるいは説明を求める場合、欲求とか信念といった命題的態度（主たる理由）によってその問に答えることは不可能である。その場合には、適切な自然科学の理論にもとづいて、出来事の原因を特定し、その原因によって出来事を説明しなければならない。こうした特質をもつ「誰が為したのでもない」出来事に関わる言語ゲームを「〈因果連関〉の言語ゲーム」と呼ぶことにする。

行為の因果説と反因果説

それでは、この二つの言語ゲームはどのような関係にあるのだろうか。これらはカテゴリーとして異なっていると考えるのが行為の反因果説論者であり、一方、〈行為－理由連関〉の言語ゲームは、〈因果連関〉の言語ゲームの下位クラスとしてそれに包摂されると考えるのが因果説論者である。

ウィトゲンシュタイン（および彼に感化を受けた多くの哲学者）は反因果説論者として、〈行為－理由連関〉の言語ゲームにおける（主たる）理由（欲求、信念）と、〈因果連関〉の言語ゲームにおける原因とが示す性質上のさまざま相違を根拠に、行為の理由はその原因ではありえないと主張する[19]。

例えば、理由と意図的な行為との間には、次のような文法的関係が成立する。私が、スイッチをひねり、電灯をつけ、部屋を明るくして、空き巣狙いに警告を与えたとしよう。このとき、なぜ「スイッチをひねったのか」と問われるならば、「電灯をつけるため」と答えるだろう。ここでは、「スイッチをひねる」という行為が「電灯をつけるため」という理由によって合理化

IV 生命倫理の原理論

(説明) される。またそれによって、「スイッチをひねること」が意図的な行為であることも明らかとなる。同様の関係が、「電灯をつけること」と「部屋を明るくするため」、「部屋を明るくすること」と「空き巣狙いに警告を与えるため」という記述の間にも成立する。このように記述された意図的な行為と理由との関係は、目的－手段の関係を表現していると言える。「電灯をつける」という未来に実現するべき目的の手段となっているのが「スイッチをひねる」という現在の行為にほかならない。この「～するために～する」と記述される〈行為－理由連関〉は、目的論的関係、または時間的には未来視向型 forward-looking[20] の関係である。しかし、この目的論的関係あるいは未来視向型の関係を、〈因果連関〉の言語ゲームにおける原因と結果の間に適用することはできない。例えば、「プレート X の移動が原因で Y 地方に地震が発生した」という文を「プレート X が移動するために、Y 地方に地震が発生した」と書き換えることはできない。

〈行為－理由連関〉の言語ゲームにおける「理由」と〈因果連関〉の言語ゲームにおける「原因」との本質的な相違として最も頻繁に言及されるのが、両者の知られ方の違いである。私たちは、自らの行為についてその主たる理由を、帰納や観察によらずにほとんど誤ることなく知っているが、〈因果連関〉の言語ゲームにおいて因果関係をこのような仕方で知ることはできないように思われるからである[21]。

それに対して、行為の因果説論者であるデイヴィドソンは、端的に次のような疑問を投げかける。「理由」が「原因」と異なるそのような数々の特徴をもつからといって、「理由」が行為の原因ではありえないことが証明されるのか[22]。というのも、行為と理由の間には、目的論的関係とは区別される次のような文法的な関係も成立しているからである。それは、「電灯をつけたかったがゆえに、スイッチをひねった」「部屋を明るくしたかったがゆえに、電灯をつけた」というように、「ゆえに because」という接続詞を用いて記述される関係である。因果説論者はこの関係についてはこう主張する。この文は、行為者がその理由をもつがゆえに当の行為をなした、ということを意味している。したがって、この「ゆえに」は、二つの文をたんに並列しているので

はなく、それらにある関係が存在することを示している。その関係とは、因果関係以外のなにものでもない。よって、行為の主たる理由はその原因にほかならないのである。つまり因果説論者は、「ゆえに」を用いて記述されたこうした命題は、すべて次のように書き換えることができると考えているのである。例えば「電灯をつけたいという欲求によって、スイッチをひねるという出来事が引き起こされた」というように。

　反因果説論者がこの論難に反駁するためには、この「ゆえに」の関係を説明するものとして、因果関係以外に説得力のある何らかの関係を提示しなければならない。しかし、これについては、反因果説論者から説得力のある議論は提示されていないというのが実情である[23]。それが、私が行為の因果説を支持する第一の根拠である。

　「理由」と「原因」をカテゴリーとして区別することは、さらに少なくとも二つの困難をもたらす。第一に、それは、因果関係とも演繹的（推論的）関係とも区別される行為 – 理由関係という第三の関係の導入を余儀なくすることである。仮定よりそれは因果関係ではありえない。そしてまた演繹的な関係でもありえない。というのも上記の例で言えば、スイッチをひねる – 電灯をつける – 部屋を明るくする、という関係は、論理的には必要条件の関係にも十分条件の関係にも立っていないからである。さらに重大な困難は、意図的な行為がもたらす意図せざる結果との関係を考える際に生ずる。部屋を明るくしようとすることは私の意図であるが、空き巣狙いに警告を与えることは私の意図でなかったとしよう（例えば、そもそも私は空き巣狙いがいるという可能性を考えていなかった場合）。行為の因果説に立てば、部屋を明るくしようという欲求 – スイッチをひねる行為 – 部屋が明るくなる – 空き巣狙いがそれに気づく、といった一連の出来事が因果連関にあると主張できる。しかし、行為の反因果説に立つとき、意図的な行為（部屋を明るくする）とそれがもたらす結果（空き巣狙いが気づく）との関係を考える際、異なったカテゴリーである行為 – 理由連関と因果連関がどのように相互に関係するかというデカルト流の二元論が直面するのと同型の困難に直面することになるのである。

以上の三つの根拠は、行為の因果説に十分な正当化を与えていると思われる。したがって〈行為－理由連関〉の言語ゲームは、〈因果連関〉の言語ゲームの下位クラスとしてそれに包含されると考えるのが妥当であろう。

4　アンチノミー解決の試み―デイヴィドソン

非法則論的一元論

　非法則論的一元論によれば[24]、〈行為－理由連関〉の言語ゲーム（デイヴィドソンの用語では心理学あるいは素朴心理学 folk psychology [25]）は厳格な法則に支配されていない（〈行為－理由連関〉の言語ゲームの非法則性）。したがって、〈行為－理由連関〉の言語ゲームを、あらゆる科学の基盤であり厳格な法則に支配される物理学に還元することはできない。一方で、デイヴィドソンは存在論としては、物的存在以外の存在者（例えば心的存在者）を認めない（一元論の主張）。つまり非法則論的一元論は、非還元主義的唯物論という性格をもっていると言うことができる。その非法則論的一元論は次の三つの前提から導出される。

【前提1】〈行為－理由連関〉の言語ゲームにおける命題的態度のような心的出来事は他の心的出来事や物的出来事と因果的に相互作用しあう（因果的相互作用の原理）[26]。
【前提2】ふたつの出来事の間に因果関係が成立するためには、そのふたつの出来事を関係づける厳格な法則が存在しなければならない（因果性の法則論的性格）。
【前提3】心的出来事を予測したり説明するための根拠となる厳格な法則は成立しない（〈行為－理由連関〉の言語ゲームの非法則性）。

　非法則論的一元論の論証は単純明快である。具体例でその推論を確認しよう。試験勉強をしたいというMの欲求（心的出来事）が、図書館へ行くというMの行為（物的出来事）を引き起こしたとする（因果的相互作用の原理）。

このふたつの出来事の間に因果関係が成立するためには、それらの出来事が厳格な因果法則を例化したものでなければならない（因果性の法則論的性格）。だが、試験勉強をしたいという M の欲求は命題的態度であって、それと図書館へ行くという行為を関係づける厳格な法則は存在しない（〈行為－理由連関〉の言語ゲームの非法則性）。したがって、その欲求がその行為を引き起こすためには、その欲求は何らかの物的記述をもっていて、しかもその記述のもとで物理法則を例化したものである必要がある。そこから、物的出来事と因果的に相互作用している心的出来事はすべて物的記述をもち、その記述のもとで物理法則を例化したものとなっている、という結論を導くことができるわけである。

　デイヴィドソンは、非法則論的一元論における三つの前提が、「人間の行為」における「自由と自然の必然性」との間の「見かけ上の矛盾」を形成していると考える[27]。つまり、〈行為－理由連関〉の言語ゲームの非法則性【前提3】（＝自由）が、因果的相互作用の原則【前提1】および因果性の法則論的性格【前提2】（＝自然の必然性）と見かけ上の矛盾を提示するわけだが、非法則論的一元論の論証によってその見かけ上の矛盾は除去され、それによって自然の観念も自由の観念もどちらも放棄せずにすむことになる、と主張するのである。

心理学の非法則性の批判

　非法則論的一元論に対しては、三つの前提それぞれについて批判が提出されてきているが、本節では、デイヴィドソンがカントの第三アンチノミーのテーゼと対応づける〈行為－理由連関〉の言語ゲームの非法則性（【前提3】）に焦点を絞って批判的に検討する。そしてデイヴィドソンに抗して〈行為－理由連関〉の言語ゲーム（心理学）の法則性を正当化することを試みる。この試みには二つの目的がある。第一に、デイヴィドソンによるアンチノミーの解決（非法則論的一元論）を批判する一つの論拠を提供することで、第二に、〈行為－理由連関〉の言語ゲームの法則性をアンチノミーのあらたな解決（次節）のひとつの前提とすることである。

デイヴィドソンは、心的出来事と物的出来事との還元関係を述べる心理物理法則（これを「架橋法則 bridging laws」と呼ぶ）の不可能性を示すことによって〈行為－理由連関〉の言語ゲームの非法則性の論証を試みる[28]（架橋法則とはたとえば、草が緑だと信じるのは、Bという脳状態が生起しているときかつそのときにかぎる、といった法則、つまり心的出来事と物的出来事との還元を可能にする法則である）。ではデイヴィドソンが架橋法則が存在しえないことの論拠として援用する議論を逐次検討していこう。

心理学の全体論／不確定性

デイヴィドソンは、〈行為－理由連関〉の言語ゲームは本質的に全体論的であることを、架橋法則の不可能性の論拠として提示する[29]。それは、ある個人の行動に特定の心的状態（欲求、信念等）を帰属するには彼の他の心的状態をあわせて考慮しなければならず、さらにその心的状態の帰属についても同様の考慮が必要とされるという特質である。しかし、かりに〈行為－理由連関〉の言語ゲームにおける心的状態や行為の帰属がその意味において全体論的になされ、一方、（狭い意味における）〈因果連関〉の言語ゲーム[30]（個別科学）では物的状態の特定が原子論的になされるのだとしても、そのことから架橋法則の不可能性がどのようにして帰結するのかはけっして明らかではない。

その疑問に対してデイヴィドソンがときに示唆するのは、全体論と相関して主張される翻訳の不確定性あるいは解釈の不確定性[31]である。それによれば、ある人の外的な行動とその環境という同一の基礎にもとづいて彼に心的状態を帰属する適切で両立不可能な複数の理論的枠組が可能であり、それらのいずれが妥当であるかを決定する事実はどこにも存在しないのである。その主張が妥当であるとすれば、すべての物的事実を知ったとしても、〈行為－理由連関〉の言語ゲームにおいてどのような心的状態をある人に帰属するべきかを決定できなくなるので、そこから架橋法則の否定が帰結するように思われる。

しかしこの議論には少なくとも二つの批判が可能である。第一に、解釈の不確定性という根拠によって、〈因果連関[n]〉の言語ゲームから〈行為－理由

連関〉の言語ゲームの方向の $P_1 \rightarrow M_1$ という架橋法則を否定できるとしても、逆の $M_1 \rightarrow P_1$ という架橋法則は否定できないことである。第二に、クワインの「経験論の二つのドグマ」[32]以来広く認められているように、全体論と相関する不確定性は、〈行為-理由連関〉の言語ゲームに限らず、あらゆる〈因果連関^n〉の言語ゲーム（個別科学）にも妥当することである。デイヴィドソンはこの点における自身の誤りをはっきりと認めている。

「『心的出来事』"Mental Events" において私は、心的概念の還元不可能性は、とりわけ解釈の不確定性に由来すると主張した（中略）。これは、私が『知識の三つの種類』"Three Varieties of Knowledge" において以来認めているように誤りであった。その誤りは明白である。私が理解するような不確定性はすべての学問分野に固有のものなのである」[33]。

規範と記述

デイヴィドソンが与える別の論拠は、〈因果連関^n〉の言語ゲームが基本的に記述的であるのに対して、〈行為-理由連関〉の言語ゲームでは規範性が重要な役割を果たしていることに訴えるものである[34]。デイヴィドソンは、解釈理論の構成原理として作用する規範性について次のように述べている。

「心的なものの物的なものへの還元不可能性にはいくつかの理由がある。クワインによって評価されているひとつの理由は他の人の文を私たち自身の文と調和させる match ことにおける寛容 charity への訴えの必要性によって導入される解釈における規範的な要素である。そのような調和は、（私たち自身の光によって）一貫性と真理からの異なった逸脱の相対的な蓋然性を比較考察するよう私たちに強制する。物理学における何ものも、心的なもののこの特徴がその範疇を形作るこの方法に対応していない」[35]。

要するに、〈行為-理由連関〉の言語ゲームにおいては他者を解釈するときに〈因果連関^n〉の言語ゲームにおいては要請されない「寛容の原理 principle of charity」という規範的な原理がその条件として働いているがゆえに、前者は後者に還元不可能であるというわけなのだ。それに対してローティは次のような趣旨の簡潔な反論を展開している[36]。私たちが他者を翻訳する努力には、特別に規範的な何ものも存在していない。なぜなら、そのとき私がしているのは私の言語的な振る舞いと他者のそれとの間の類似性のパターンを見出そうとすることだけであるから。この試みが、例えば、見知らぬ昆虫の構造や振る舞いと、なじみの昆虫のそれとの類似性を見出そうとする私の試みと種類が異なっているということを私は理解することができない。

ローティのこの主張を逆の方向から補強できるだろう。デイヴィドソンが述べるような意味で、考える生物の思考と行為を理解する条件として「寛容の原理」が働いているとしたら、それと類似の原理は自然科学においても条件として働いている。例えば、科学的な観測や実験によって使用されている器具は、ともかく正常に作動していると前提しなければならないし、あるいは、観察者としての科学者は自分たちの感覚あるいは知覚の機能が正常であると前提しなければならない。そうしなければ、そもそも自然科学的な探究に着手することができないのである。したがって、規範性という概念に訴えたとしても〈行為‐理由連関〉の言語ゲームの〈因果連関[n]〉の言語ゲームへの還元不可能性を根拠づけることは不可能だと言えるだろう[37]。

5　因果と自由のアンチノミーのあらたな解決

前節では、〈行為‐理由連関〉の言語ゲームの非法則性の論拠として提出されている最も有力な議論を逐次検討し、それらのいずれも説得力を欠いていることを示した。このことから直接〈行為‐理由連関〉の言語ゲームの法則性を主張することはできないかもしれない。しかし、〈行為‐理由連関〉の言語ゲームが〈因果連関[w]〉の言語ゲームに下位クラスとして包摂されるという行為の因果説の主張（3-2）を背景とすれば〈行為‐理由連関〉の言語ゲームの非法則性の論拠に対する批判はそのままその法則性の正当化であるとみなすことはできるだろう。したがってここで、〈行為‐理由連関〉の言語ゲ

ームの法則性を議論の前提としたい。そしてそれを前提することは、少なくともデイヴィドソンが非法則論的一元論の論証においてその非法則性を前提としたこと以上には妥当だと言えるだろう。

【前提F】:〈行為−理由連関〉の言語ゲームは法則的である。したがって、〈行為−理由連関〉の言語ゲームは〈因果連関^n〉の言語ゲームに還元可能である。

さらに、行為の自由をめぐる対立は次のテーゼとアンチテーゼとして表現できる。

テーゼ:自由、つまり〈行為−理由連関〉の言語ゲームを消去することは原理的に不可能である。したがって自由な行為は存在する。
アンチテーゼ:自由、つまり〈行為−理由連関〉の言語ゲームはすべて、〈因果連関^n〉の言語ゲームに還元可能である。したがって自由は存在しない。

以下では、テーゼとアンチテーゼのいずれもが妥当であることを論証し、そのうえでテーゼとアンチテーゼの矛盾が見かけ上のものである理由を示したい。

まず、アンチテーゼはほぼ自明と言えるだろう。【前提F】より、〈行為−理由連関〉の言語ゲームはすべて〈因果連関^n〉の言語ゲームに還元可能である。そして、意図的な行為、つまり自由な行為とその主体は、〈行為−理由連関〉の言語ゲームにしか登場することができない。したがって、自由は存在しないという結論が帰結する。

一方、テーゼを導くためにはいくつかのステップが必要となる。具体的には次のような手順をふむ。

【前提1】〈行為−理由連関〉の言語ゲームを営んでいるならば、そのとき

行為が自由であることは、ゲームの性質上、必然的に前提される。
【前提2】〈行為 – 理由連関〉の言語ゲームを完全に消去することは不可能である。
【結論】したがって自由は存在する。

〈前提1の論証〉

具体例に即して考えてみよう。Mが腕を上げている。なぜMがそうしているのかと問われると「タクシーを止めるために」＝「タクシーを止めるという意図を実現するため（〜という目的を達成するため、〜という欲求を満足するため）」という答えが返ってくる。こうした答えは「タクシーを止めるという意図を、彼が実現できる」という事実を前提にしている（「実現できない」ならば、そもそも「タクシーを止めるという意図を実現するため」という答えが無意味となる）。そしてその事実は、彼が自由に、自らの意志によって、自然の因果の成り行き（「自然の必然性」）に介入できることを含意していると言えるだろう。

逆から考えてみよう。いかなる意味においても、彼が自由に、自らの意志によって自然の因果、その成り行きに介入することはできない、と想定する。その想定のもとで、タクシーが止まるという状態が実現したとする。タクシーが止まるというこの状態は、決定論的にそれ以前の状態において予め定まっていたにせよ、あるいは非決定論的に偶然の成り行きでそうなったにせよ、彼が介入できないことがらの成り行きとしてそうなってしまったにすぎない。そのようなことがらの成り行きによってタクシーが止まるという状態が実現したとしても、その状態を「タクシーを止めるという彼の意図が実現した」と呼ぶことはけっしてできない。彼の意図とは無関係に、彼が介入できない自然の成り行きに従って「必然的にあるいは偶然タクシーが止まるという状態が実現した」にすぎない。その事態を「タクシーを止めるという彼の意図が実現した」と呼ぶためには、タクシーが止まるという状態が、彼が自由に自らの意志によって腕を上げることによって、自然の因果の成り行きに介入した結果、実現されたのでなければならない。

したがって、〈行為−理由連関〉の言語ゲームを営んでいるならば、そのとき行為が自由であることは、ゲームの性質上必然的に前提される、という結論が導かれる。

〈前提2の論証〉

　ここで論証しなければならないのは、私たちが現実に〈行為−理由連関〉の言語ゲームを営むことなしに生活できない、という経験的なことがらではない。原理的な水準において〈行為−理由連関〉の言語ゲームを完全に消去することが可能であるならば、自由は存在すると結論できないからである。

　それでは、〈行為−理由連関〉の言語ゲームはどこまで消去可能なのだろうか。【前提F】(〈行為−理由連関〉の言語ゲームは法則的である) があるので、自由意志にもとづく行為が為されるとき、それに対応して一定の脳状態 D_x が生起しているといった法則性を仮定できる。例えば、腕を上げるという自由意志にもとづく行為と、たんに腕が上がるという誰が為したのでもない出来事との相違について次のような説明が与えられるだろう。腕を上げる場合には、ある脳状態 D_1 が実現した後、それに起因する遠心性の信号によって腕が上がるのに対し、たんに腕が上がる場合には、そうした脳状態は実現しておらず、脳から腕の筋肉に向かってはそうした信号が発信されることはない、というふうに。

　ここで、他人の脳状態と身体の状態の観察によって、自由意志にもとづく行為およびそれと区別されるたんなる身体運動の解読が可能になったとしよう。それが自然科学の発展によって実現したとき、その時点において、自由意志にもとづく行為は不可能である、あるいは自由は存在しないというアンチテーゼが実証されたのだと考えられるかもしれない。しかし【前提1】を忘れてはならない。【前提1】によれば、かりに今述べたような想定が現実のものとなったとしても、〈行為−理由連関〉の言語ゲームが営まれている限り、依然として自由はその暗黙の前提として作用し続けるのである。私が他人の脳状態と身体状態から彼の行為を解読して「彼はタクシーを止めるために手を上げた」と述べるとき、〈行為−理由連関〉の言語ゲームにおける表現

が使用されているのだから、彼は「自らの意志で自由に」行為しているのである。

　〈行為－理由連関〉の言語ゲームを消去するには、思考実験をさらにもう一段階進める必要がある。それは、行為に関するすべての表現について、次のような書き換えを実行することである。例えば「彼が腕を上げる」は、「脳Hの状態D_1が原因で腕Hが上がる」に、「彼が窓の外を見る」は、「脳Hの状態D_2が原因で顔Hが窓の外の方向に動く」といったように。この書き換えによって「Xが～という意図を実現するために…する」という行為に関わる表現は「脳Xの状態D_xが原因で、身体Xの特定の箇所が～という動きをする」という「誰が為したのでもない」出来事（〈因果連関^n〉の言語ゲームに属す出来事）へと変換されることになる。しかし、このような書き換えが、自分以外の他人について実行されただけでは十分ではない。自分自身に関しても、〈行為－理由連関〉の言語ゲームを同じ仕方で消去する必要がある。私が自分の脳状態を観察しながら「脳Sの状態D_sが原因で、身体Sのある箇所が～という動きをする」という書き換えを行わなければならないのである。

　このプランを完遂することで、〈行為－理由連関〉の言語ゲームを完全に消去できるのだろうか。私は、すべての他人の脳状態と身体、私の脳状態と身体を観察し、先の書き換えを実行して、「脳Xの状態D_xが原因で身体Xの～の箇所が～という動きをする」という「誰が為したのでもない」出来事の記述の集合、つまり〈因果連関^n〉の言語ゲームに属す言明の集合を手にした。そこでえられた命題の集合をP_Aと表現しておこう。しかし、このP_A自体は世界に突然現れてきたのではない。私が「P_A」を記述したのであり、しかも、行為の言語ゲームを完全に消去するという目的のためにそうしたのである。

　ここで私が「P_A」を記述するというこの自由な行為さえ存在しないと仮定してみよう。このとき第1節（「言語ゲームの地平」）で示した［規則論の標準的帰結（RS）］を考慮に入れなければならない。

　　［規則論の標準的帰結（RS）］：意味が成立する ⇔ 任意の主体がなんらか

の記号を使用しその記号の意味を理解する。

　この段階では私以外の他の主体は〈因果連関^n〉の言語ゲームに属す命題の集合 P_A に還元されているが、仮定より私の自由な行為も存在しない。そのとき、なんらかの記号を使用しその記号の意味を理解する主体は存在しないので、RS よりいかなる意味も成立しない、という結論が帰結する。いかなる意味も成立しないならば世界は成立しない。なぜなら、いかなる意味（分節化、差異化）とも独立に成立する世界（カントで言えば物自体）もまた「いかなる意味（分節化、差異化）とも独立に成立する世界」という表現とその理解とともにしか成立しないからである。
　つまり、私が「P_A」を（この段階では内語で）記述し理解するというこの自由な行為さえ存在しないとすれば世界が成立しないことになる。それは逆に言えば、「世界が成立する→私が『P_A』を（内語で）記述するというこの自由な行為は存在する」ということである。つまり、世界の成立（⇔「P_A」の意味理解が成立している）を前提するならば、私の自由な行為が存在しないと仮定することは不可能なのである。
　もちろん「私が『P_A』を記述した」という行為に関わる言明についてもまた、先と同様に「脳 S の状態 $D_α$ が原因で、状態 $T_α$（『P_A』に対応する脳状態）が引き起こされた」（この表現を「P'_A」とする）という書き換えを実行することができる。しかし、この記述「P'_A」は、その意味理解が成立しているとすれば、それを記述する行為とその主体が存在しなければならない。つまり私が「P'_A」を記述し理解しているのでなければならない。その行為に関する記述をさらに「P''_A」と読み替えても事態は変わらない。やはり私が「P''_A」を記述し理解しているのである。
　したがって、なんらかの意味が成立している、すなわち世界が成立している限り、〈行為−理由連関〉の言語ゲームを完全に消去することは不可能である。そして世界が成立しているというこの前提はテーゼだけでなくアンチテーゼの証明にとってもまた不可欠である。いかなる世界も成立しないならば〈因果連関^n〉の言語ゲームもまた不可能だからである。ここにおいて、【前

提2】「〈行為−理由連関〉の言語ゲームを完全に消去することは不可能である」が論証された。そして【前提1】とあわせて、「自由は存在する」という結論を導くことが可能となる。なんらかの意味理解（世界）が成立する限り、〈行為−理由連関〉の言語ゲームを消去することができず、〈行為−理由連関〉の言語ゲームにおいて自由は前提されざるをえない。自由が幻影であったとしても、私はその幻影から逃れることはできない。けれども、そこからけっして逃れることができない幻影をもはや幻影と呼ぶことはできないだろう。

以上で、なんらかの意味理解（世界）の成立を前提とするとき、次のテーゼとアンチテーゼのどちらも論証しうることが示された。

テーゼ：自由、つまり〈行為−理由連関〉の言語ゲームを消去することは原理的に不可能である。したがって自由な行為は存在する。
アンチテーゼ：自由、つまり〈行為−理由連関〉の言語ゲームはすべて、〈因果連関^n〉の言語ゲームに還元可能である。したがって自由は存在しない。

しかし、テーゼとアンチテーゼは矛盾したことを主張している（「自由な行為は存在する」「自由な行為は存在しない」）。この矛盾が見かけ上のものにすぎないことを最後に示しておこう。

アンチテーゼは、〈行為−理由連関〉の言語ゲームが法則的であるという前提（【前提F】）から、〈行為−理由連関〉の言語ゲームは、すべて、〈因果連関^n〉の言語ゲームに還元可能である、ということを論拠に自由は存在しないと主張する。他方、テーゼが述べるのは次のことである。【前提F】より、〈行為−理由連関〉の言語ゲームは、す́ベ́て́〈因果連関^n〉の言語ゲームに還元可能であることは認めよう。しかし、〈行為−理由連関〉の言語ゲームのす́ベ́て́を同時に、〈因果連関^n〉の言語ゲームに還元することは不可能である。なんらかの意味理解（世界）が成立する限り、つねにすでに〈行為−理由連関〉の言語ゲームは営まれていなければならないからである。そして〈行為−理由連関〉の言語ゲームが営まれている限り、自由の存在は前提される。

したがって自由は存在するのである。とすると、テーゼとアンチテーゼは矛盾しない次の二つの主張をしていることになる。

　テーゼ：〈行為−理由連関〉の言語ゲームのすべてを同時に〈因果連関^n〉の言語ゲームに還元することは不可能である、という意味において自由は存在する。
　アンチテーゼ：〈行為−理由連関〉の言語ゲームは、すべて〈因果連関^n〉の言語ゲームに還元することが可能である、という意味において自由は存在しない。

　ここで、アンチテーゼが述べる意味において「自由は存在しない」ことに同意しながら、テーゼが述べる意味において「自由は存在する」ことに同意したとしても、そこに矛盾は生じない。したがって、テーゼとアンチテーゼの対立は見かけ上の矛盾にすぎないと言えるのである。
　以上の議論が妥当であるとするならば、カントのことばを援用しながら次のように結論づけることができるだろう。自由（〈行為−理由連関〉の言語ゲーム）と自然の必然性（〈因果連関^n〉の言語ゲーム）との「見かけ上の矛盾」を除去することは可能である。したがって、自由の観念と自然の必然性の観念とのいずれをも放棄する必要はない。そして、このような仕方でカントの要請に回答できるとすれば、この議論は、【前提F】（「〈行為−理由連関〉の言語ゲームの法則性」）に間接的な論拠を与え、またそれと対立する前提（【前提3】「心理学法則性」）をもつ非法則論的一元論を論駁する根拠を示している、と言うことができるだろう。

6　永井均の自由意志と悪脳問題

心脳問題

　永井均は、前節で提起した自由と因果のアンチノミーとその解消に関連するたいへん興味深い議論を提示している[38]。そこにおいて彼は、アンチノミ

Ⅳ　生命倫理の原理論

ーの形式でこの問題を明示的に定式化しているわけではないし、自由意志と因果の対立の解消を試みているわけでもないことはなおさら言うまでもない。しかし、その議論は、前節におけるアンチノミーのあらたな解決の妥当性を検討するうえで有益な観点を提供してくれ、また、前節の議論の傍証とみなすことができる側面をもっているので、本論の締めくくりとしてそれを検討したいと思う。

　永井は自由意志と因果の問題に先立って心身問題（心脳問題）について次のような議論を提起する。

　私が脳科学者なら、私は私の脳を観察することによって脳状態と意識状態との関連を研究することができるはずである。たとえば私は自分の「脳に操作を加えることで、左足のつま先に激痛を走らせたり、世界全体を真っ赤にしたり、巨大な恐竜を現れさせたりすることが、原理的に可能」だろう。それならば、脳に操作を加えることで、脳自体の知覚像を変えることもできるはずである。脳に操作を加えることで、その脳が存在しないように見せたり、別の脳を自分の脳だと信じ込ませることもできるだろう。それでは、その脳がはじめからそのように私を「欺く脳」であるとしたらどうだろうか。デカルトの悪霊ならぬ悪脳であったらどうだろうか。「悪霊の欺きと対峙したデカルトの『私』のように、私はここで『欺くならば力の限り欺くがよい、それでも私が私を何ものかであると思っているあいだは、おまえは私を何ものでもないものにすることはできまい』」(39)と言うことができるのであろうか。私の意識そのものをその悪脳が作り出しているときに。

　悪脳の想定のもとで私が私の脳を観察するとき、その脳状態は知覚されている以上意識状態の一部であるほかはない。だから、その意識状態そのものを作り出している脳自体にはどこまでいっても到達しないはずである。

　一方、他者の心脳関係の場合には、私の心脳関係の場合と問題が逆になるだろう。私が脳科学者ならば、私は他者の脳を観察することによって、その脳状態と意識状態との関連を研究できるだろう。しかし、私は他者の意識状態を直接に知覚することはできない。私が知覚できる他者の意識状態は、他者の脳と同じく物的に現れていなければならない。このときは、どこまでい

っても、その脳が作り出している他者の意識状態自体に到達することはできないのである。しかし、まさにそのことによって脳そのものを知覚することはできるのだ。たとえそれが悪脳であるとしても、私はその悪脳自体を知覚しているのである。

　私の場合にも他者の場合にも、心（意識）と脳の二つを並列的な観察対象とすることはできない。私の場合には意識状態そのものを知覚できることによってその意識を作り出す脳を知覚できないし、他者の場合には、その意識を知覚できないことによって逆に意識を作り出している脳自体だけを知覚できるのである。このズレこそが心脳（心身）問題の本質であり、この問題の問題性に固執する限りこの問題は解決不可能なのである[40]。

　しかしいかなる意味においてこの問題は解決不可能なのであろうか[41]。先ほど、私が私の脳を観察するとき私は私の意識状態を知覚できることを自明のこととして述べた。しかし、ここで述べられている仕方で私の意識状態を知覚することが可能であるためには、じつは、私的言語が不可欠なのである。というのも意識状態の知覚もなんらかの言語的把握であるほかはないし、またその言語は私以外のだれにも理解できてはならないからである。なぜならその言語が私以外のだれかに理解できてしまったら、それは私に与えられているこの意識を表現する言語ではなく、他者について観察できる意識の一例として私の意識を表現する言語でしかありえなくなってしまうからである。しかし、この役割を担う私的言語は不可能[42]なので、私が私の意識を表現できていると強く信じて使用するいかなる言語も、だれにでも理解可能な言語であるほかはない。私の意識を表現するはずの言語は、私が他者の意識や脳を語る際に使用する言語と同じだれにでも理解可能な言語につねに変質してしまうのである。（私の意識を表現する）不可能な私的言語を実現しようとすれば、必然的に（他者の脳を表現する）だれにでも理解可能な言語に転化してしまうこと、そしてこの二つの言語の本質的な断絶——一方は不可能で、他方はそれだけが可能な二つの言語間の断絶——こそが心脳問題の本質なのである。したがってこの問題はどこまでも解決不可能であるほかはないのだ。

　一方でこのズレを消去してしまえば心脳問題は簡単に解決できる。つまり、

私による私の脳と意識状態の観察の場合を私による他者の脳とその意識状態の観察の場合に同化すれば、心（意識）は脳状態に容易に還元できるのである。なぜならそのとき、だれにでも理解可能な言語において他者の意識と他者の脳はもちろん、私の意識と私の脳も完全に並列して表現できるからである。しかし、このとき心脳問題の問題性は見失われざるをえないのである。

自由意志と悪脳問題

心脳問題についての永井の議論は以上のようにまとめることができるが、彼は自由意志についてその議論をさらに次のように展開する。

私が脳科学者なら、私は私の脳を観察することによって脳状態と自由意志との関連を研究することもできるだろう。たとえば右手を上げようとするときの脳状態を観察できるかもしれない。それが観察できれば、その脳状態がその自由意志を引き起こしていることになる。しかし、観察もまた自由意志でなされるのだから、右手を上げようとするときの脳状態を観察しようとしている脳状態というのも、そのとき同時に成立しているはずである。そうであるなら、その脳状態もまた観察できるだろう。しかし、その観察も自由意志でなされるのだから、右手を上げようとするときの脳状態を観察しようとしている脳状態を観察しようとしている脳状態が、そのとき成立しているはずである。そして、脳と自由意志との関係をめぐるこの考察は次のように結論づけられる。

「科学的知識というものが自由意志による観察にもとづくものであるとすれば、この連鎖はどこかで自由意志の優位のもとに終結せざるをえないだろう。そうすると、どこかに、その自由意志を成立させているもはや観察不可能な脳状態というものがあることになり、それが超越的な悪脳問題を作り出すわけである」［傍点、引用者］[43]。

しかし、世界の開闢がそれによって開かれた世界の中へ位置づけられることによって[44]私が私の脳を観察することは、他人が私の脳を観察することや

私が他人の脳を観察することと同一視されることになり、その「超越的な悪脳問題」は解消してしまうのである。

永井の議論の検討

　心脳問題と自由意志についての永井のこの議論を、前節までの議論の観点から考察しよう。まず最初に指摘しておかなければならないのは、永井のこの議論では、一貫して、心理学（〈行為 - 理由連関〉の言語ゲーム）の法則性が前提されているということである。それは、「私は私の脳を観察することによって脳状態と意識状態（あるいは自由意志）の関連を研究することができる」と述べられていることから明らかである。私の知る限り、永井自身は心理学の法則性を主題的に検討しそれを積極的に論拠づけようとしたことはない。しかし、ここでは本論と心理学の法則性という前提を共有しているという事実を確認するだけで十分である。

　では、ここでの自由意志についての永井の具体的な主張内容はどのようなものであろうか。自由意志と脳状態との関連の研究は自由意志の優位のもとに終結するという見方と、どこかにその自由意志を成立させる観察不可能な脳があるという見方が構成する「超越的な悪脳問題」とは、そしてまた、その「超越的な悪脳問題」が、私が私の脳を観察することが、他人が私の脳を観察することや私が他人の脳を観察することと同一視されることによって解消してしまうというのは、一体どのような内実をもつ主張なのだろうか。私の理解ではこれについては少なくとも二つの解釈が可能である。

　第一の解釈は、この自由意志をめぐる主張は、先述した永井の心脳問題についての見解（6-1）の一変種にすぎない、というものである。私の自由意志も私の意識状態の一部なのだとすればそれは私的言語によってしか表現できない。しかし、私的言語は不可能であるから、私の自由意志と脳状態との関係はだれにでも理解可能な言語によって表現されるほかはない。そのとき、私が私の脳を観察することは、他人が私の脳を観察することや私が他人の脳を観察することと同化する。つまり私の自由意志は私にだけ与えられる意識状態の一部としてではなく、他者の自由意志と同じく外的な行動や言語使用

によってのみ表現され理解できることがらになる。そして、心理学（〈行為 - 理由連関〉の言語ゲーム）の法則性が前提されているので、外的に表現された自由意志を外的に観察可能な脳状態に還元することを妨げるものはなにもない。したがってこのとき自由と因果のアンチノミーは因果の優位のもとに解消されるというわけである。

この第一の解釈では、観察不可能な脳と自由意志との対立が構成する超越的な悪脳問題は、私的言語の想定によってはじめて成立する。自由意志はたしかに存在するのだが、それは私の意識においてであって、私的言語によってしか表現できない。したがって不可能な私的言語においてのみアンチノミーのテーゼ（自由）の擁護が可能であることになる。一方で、私による私の脳の観察が、私による他者の脳の観察と同化されるとき、それは、だれにでも理解可能な言語において語られることになり、そのとき、自由意志は脳状態に還元されることになりアンチテーゼ（因果の必然性）が証明されることになるのである。

この第一の解釈はここでの永井の議論の解釈としては妥当であるかもしれないがしかし、重大な困難を孕んでいる。それは、自由意志を意識状態、例えば私だけに与えられる赤のこの感覚とか痛みのこの感覚とか楽器の音色のこの聞こえ方（現象的な質、クオリア）などの一種とみなすことができるのか、という問題である。そして永井自身はこの両者に本質的な相違があることを後に明確に認めている[45]。

そして自由意志を意識状態の一部とみなす必要のない別の解釈が可能である。この第二の解釈では、自由と因果のアンチノミーは、不可能な私的言語とだれにでも理解可能な言語の対立としてではなく、アンチノミー全体をだれにでも理解可能な言語、本論の用語で言えば言語ゲームの地平（第1節）において考える。このとき自由意志は、心脳問題とは異なった水準の問題を構成することになる。

この第二の解釈では、自由意志と脳状態との関連の研究が自由意志の優位のもとに終結するという主張とその自由意志を成立させる観察不可能な脳がどこかにあるという主張との対立による「超越的な悪脳問題」が、そのまま

自由と因果のアンチノミーに対応することになる。もちろん前者の主張がテーゼ（自由の擁護）で、後者がアンチ・テーゼ（因果の必然性）である。

先ほど示したが、永井は、テーゼに「科学的知識が自由意志による観察にもとづくものであるとすれば」という条件を付している。永井は、この条件の根拠を特に明示していないが、本論第5節では［規則論の標準的な帰結（RS）］（「意味が成立するのは、ある主体が語を使用しその意味を理解するときそのときにかぎられる」）を援用してこの条件を導出した。いかなる科学的知識もそれとして成立するためには有意味でなければならず、そしてRSによればその意味は言語使用という自由意志による行為なしには成立しない。つまりRSから、「科学的知識が成立する→言語使用という自由意志による行為が成立する」、という条件法が導かれるのである。

この条件が成立することを認めるならば、第5節におけるテーゼの論証と同型の議論によって、「自由意志による観察と脳状態への還元という連鎖は自由意志の優位のもとに終結する」というテーゼに論拠を与えることができる。しかし、一方で心理学（〈行為－理由連関〉の言語ゲーム）の法則性が前提されているので、自由意志とそれにもとづく行為はすべてそれを成立させるいまだ観察されていない脳の過程さらには物理的な過程に還元可能であることになる（アンチテーゼ）。こうしてアンチノミー（「超越的な悪脳問題」）が構成されることになるのである[46]。

永井はこのアンチノミー（自由意志の場合の超越的な悪脳問題）について、心脳問題とは違って、「問題の問題性に固執すると、問題は決して解決しない」とは明言していないが、本論（第5節）では、さらに、テーゼとアンチテーゼの矛盾は見せかけにすぎず、したがってこの問題は解消可能であることを示そうとしたわけだ。つまり心脳問題とはちがって、自由と因果のアンチノミーはその問題の問題性に固執したとしても、その解消は可能であることを示そうとしたのである。

では第二の解釈では、私が私の脳を観察することが、他者が私の脳を観察することや私が他者の脳を観察することと同化されたとき、問題はどのように変質するのであろうか。私が、他者の自由意志と脳の関係を研究している

としよう。そのとき他者の自由意志にもとづく行為はなんであれすべて完全にその人の脳状態に還元できる。その他者の自由意志とそれに対応する脳状態についての観察を有意味なものとして成立させているのは、私の観察、私の言語使用による観察すなわち私の自由意志であるからである。他者が、私の自由意志と脳の関係を研究する場合にも同じことが言える。その人は、私の自由意志にもとづく行為をすべて私の脳の過程に還元できる。その観察を有意味なものとして成立させるのは、私ではなくその人の自由意志でありその人の脳状態だからである。こうして、私が私の脳を観察することが、他者が私の脳を観察することや私が他者の脳を観察することと同化されたとき、アンチテーゼはごく容易に論証されることになり、一方でテーゼの論拠は失われる。しかし、このアンチテーゼの論証は、私が私の脳を観察する（あるいは他者がその人自身の脳を観察する）という超越論的な水準を捨象することによって成立する議論にすぎないのである。

　永井の意図がこの第二の解釈に沿うものであるとすれば、それは、自由と因果のアンチノミーに関して本論の議論と基本的に合致していると言える。本論では、永井が前提している心理学（〈行為－理由連関〉の言語ゲーム）の法則性とテーゼの論証の条件（「科学的知識が自由意志による観察にもとづいている」）を正当化し、さらにこのアンチノミーが見せかけの矛盾を構成していることを明らかにしようとしたのである。

　一方、彼が第一の解釈を意図しているのだとすれば、それは本論の議論とは対立することになる。この解釈では、自由と因果の対立は、私の意識（現象的な質、クオリア）を語る不可能な私的言語と、だれにでも等しく接近可能な自然を語るだれにでも理解可能な言語との対立に帰着する。しかし、私は、自由とは意識（現象的な質、クオリア）に属することがらではなく、あくまでも〈行為－理由連関〉の言語ゲームという誰にでも理解可能な言語の実践に属することがらだと考えている。そしてだれにでも理解可能な言語（言語ゲームの地平）において、テーゼとアンチテーゼが対立するのであって、第一の解釈が主張するように、言語ゲームの地平において自由と因果のアンチノミーは後者の優位において自動的に解消するなどということはない、と

いうのが本論の立場なのである。

〔註〕
（1）ここでの「必然性」はあらゆる可能世界で成立するという強い意味においてではなく、自由と対立するという弱い意味において用いられている。この必然性は自然の決定論的法則とも非決定論的法則とも両立可能である。
（2）I. Kant, *Kritik der reinen Vernunft*, B 472-481, 1781/1998, Meiner Felix Verlag（『純粋理性批判』中、篠田英雄訳、岩波文庫、1961年、125-133頁）.
（3）Vgl., Kant, *ibid*, B 560-587（邦訳、206-229頁）.
（4）高山守「必然性・偶然性、そして、自由」、『哲学』No. 58、2007年、15頁。
（5）ウィトゲンシュタイン全集（Ludwig Wittgenstein, *Philosophische Untersuchungen*, Werkausgabe Band 1, Suhrkamp, 1984（『哲学研究』ウィトゲンシュタイン全集8、藤本隆志訳、大修館書店、1976年。『哲学的探求第Ⅰ部読解』『哲学的探求第Ⅱ部読解』、黒崎宏訳、産業図書、1994年））からの引用・参照箇所は、本文中の括弧内に略号PU、節番号§～にて記す。
（6）したがって意味の実体説批判を完遂するためには、時間・空間を超えて存在する「形而上学的な意味の実体」（それはマクダウェルが John McDowell, "Wittgenstein on Following a Rule," *Synthese*, vol.58, no.3, 1984 においてジレンマの一方の角として位置づけたものにほかならない）の可能性をも批判する必要がある。それは十分可能であるが正確な論証はかなりの紙幅を要するので本論では省略する。
（7）規則論から懐疑論的な帰結を導出する議論は S. A. Kripke, *Wittgenstein on Rules and Private Language*, Harvard UP, 1982（『ウィトゲンシュタインのパラドックス』、黒崎宏訳、産業図書、1983年）は言うまでもなく、Crispin Wright, *Rails to Infinity: Essays on Themes from Wittgenstein's Philosophical Investigations*, Harvard UP, 2001, pp.1-213, Hilary Putnam, *Realism and Reason: Philosophical Papers vol.3*, Cambridge UP, 1983, pp.115-138（『実在論と理性』、飯田隆他訳、勁草書房、1992年、158-196頁）など数多い。一方ウィトゲンシュタインは『探究』84、85、87節などで規則論に先行してすでに懐疑論批判を展開しているのである。
（8）安易に容認される傾向にあるが、『探究』の私的言語論だけにもとづいて、この帰結をそのまま導出できるかというのは精確な論究を要する論点である。私見によれば、『探究』の私的言語論にしかるべき補足を施すことによってはじめて若干の留保を付加されたかたちでこの帰結を導出できる。この論点は本論に本質的な影響を及ぼすものではないので、詳論は別の機会に譲ることにしたい。
（9）Cf., G. E. M. Anscombe, "Causality and Determination," in E. Sosa and M. Tooley (ed.), *Causation*, Oxford UP, 1993, p.102.

(10) Vgl., Kant, *ibid*, B 473-475（邦訳、127-128頁）.
(11) Cf., H. Reichenbach, *The Direction of Time*, University of California Press, 1956, I. J. Good, "A Causal Calculus I-II," *British Journal for the Philosophy of Science*, 11, 1961, pp.305-318, and 12, pp.43-51, P. Suppes, *A Probabilistic Theory of Causality*, North Holland Publishing, 1970, W. Salmon, *Scientific Explanation and the Causal Structure of the World*, Princeton UP, 1984, J. Pearl, *Causality*, Cambridge UP, 2000, C. Hitchcock, "The Intransitivity of Causation Revealed in Equations and Graphs," *Journal of Philosophy* 98, 2001, pp.273-299.
(12) Cf., D. Lewis, "Counterfactual Dependence and Time's Arrow," *Noûs* 13, pp.455-476, 1979, and "Causation," *Journal of Philosophy* 70, 1973, pp.556-567, S. Yablo, "De Fact Dependence," *Journal of Philosophy* 99, 2002, pp.130-148.
(13) Cf., D. Davidson, "Mental Events," in *Essays on Actions and Events*, Clarendon Press, 1980, pp.207-227（『行為と出来事』、服部裕幸他訳、勁草書房、1990年、262-298頁）, J. Kim, "Causation, Nomic Subsumption, and the Concept of Event," *Journal of Philosophy* 70, 1973, pp.217-236, P. Horwich, *Asymmetries in Time*, MIT Press, 1987.
(14) Cf., C. J. Ducasse, "On the Nature and Observability of the Causal Relation," *Journal of Philosophy* 23, pp.57-68, Anscombe, *ibid*, pp.88-104.
(15) 主体の操作性による因果の分析 agential manupulability（V. Wright,"On the Logic and Epistemology of the Causal Relation," in E. Sosa and M. Tooley (ed.), *Causation*, Oxford UP, pp.105-124, 1993, R. G. Collingwood, *An Essay on Metaphysics*, Clarendon Press, 1940, etc）は、ある意味で自由つまりカントの言う「系列の完全性」を前提していると言える（高山の前掲論文における議論もこのカテゴリーに分類できると思われる）。しかし、彼らの議論において自由（「系列の完全性」）は前提されるのみであって、それが帰謬法的にさえ論証されることはないのである。
(16) Davidson, *Essays on Actions and Events*, p.207（邦訳、263頁）. Kant, *Fundamental Principles of the Metaphysics of Morals*, T. K. Abbott (trans.), Longman Green and Co, 1909（『道徳形而上学原論』、篠田英雄訳、岩波文庫、1960年、162頁）.
(17) ここでの行為に関する諸規定は、主に Davidson, *ibid*, および Anscombe, *Intention*, Basil Blackwell, 1957（『インテンション』、菅豊彦訳、産業図書、1984年）に依拠している。
(18) デイヴィドソンが述べるように、主たる理由の「両者ともに言及するのは一般には余計なことである」。ここでは、欲求の方を明示的に言及し、信念には言及しないという例をあげたが、もちろん逆でも、問題の行為を合理化できることは言うまでもない。Cf. Davidson, *ibid*, p.6（邦訳、7頁）.
(19) Cf., Wittgenstein, *The Blue and Brown Books*, Blackwell, 1958, p.15（『青色本・茶

色本』ウィトゲンシュタイン全集 6、大森荘蔵訳、大修館書店、1975 年、43 頁), etc.
(20) この用語は、Anscombe, *ibid*, p.21（邦訳、40 頁）に依拠している。
(21) 単称因果説論者やアンスコムが心的因果 mental cause という用語で分類する事例（*ibid*, pp.15-16（邦訳、29-31 頁））などは、帰納あるいは観察によらない因果の知識の可能性を擁護している。
(22) Cf., Davidson, *ibid*, p.9, pp.17-18（邦訳、11 頁、24-25 頁）.
(23) Cf., R. Hursthouse, "Intention," in R. Teichmann (ed.), *Logic, Cause & Action: Essays in honour of Elisabeth Anscombe*, Cambridge UP, 2000, p.96, S. Schroder, "Are Reasons Causes?," in S. Schroder (ed.), *Wittgenstein and Contemporary Philosophy of Mind*, Palgrave, 2001, p.152.
(24) Cf., Davidson, *ibid*, pp.207-244（邦訳、262-323 頁）.
(25) 私たちは、信念や欲求などといった心的状態（命題的態度）や知覚、感覚といった心的出来事に言及しながら他人の行動を理解したり、自分の行動を説明したりするが、このある種の理論的体系をデイヴィドソンは心理学と呼ぶ。それは一般には素朴心理学と呼び習わされているものである。そして、正確に言えば〈行為－理由連関〉の言語ゲームは素朴心理学の一部である。それ以外に、例えば、信念とその正当化に関する言語ゲーム、感覚とその原因に関する言語ゲームなども素朴心理学に含まれる。しかし、素朴心理学の範囲を〈行為－理由連関〉の言語ゲームに限定することは、非法則論的一元論を導く推論とそれについての批判的検討には本質的な影響を与えないので、後論ではその範囲を〈行為－理由連関〉の言語ゲームに限定して議論を進める。
(26) これは、行為の理由（欲求、信念という命題的態度）を原因とみなすデイヴィドソンの行為の因果説からの帰結である。
(27) Cf., Davidson, *ibid*, pp.208-209（邦訳、263-266 頁）.
(28) 架橋法則が存在しないことが示されれば、次の推論によって〈行為－理由連関〉の言語ゲームの非法則性が帰結する。架橋法則が存在しないならば心的出来事は物的出来事と区別された独自の体系を構成することになるが、心的出来事は物的出来事と因果関係に立っている（【前提 1】）ので、閉じた体系を構成できない。しかし閉じた体系でなければ厳格な法則が成立する見込みはなく、非法則性が帰結する。
(29) Cf., Davidson, *ibid*, p.217（邦訳、278-279 頁）.
(30) 前節（4-1）の議論をふまえるとき、〈因果連関〉の言語ゲームについて、次の二つの意味を区別する必要がある。一つは、因果連関を、厳格な法則が成立する（法則論的である）それに限定する「狭い意味」で、もう一つは、厳格な法則が成立しない（非法則論的である）因果連関もそれに含めるという「広い意味」である。4-1 節で述べたとおり、デイヴィドソンが行為について主張する因果連関は後者の広い意味においてである。以降、本論では必要がある場合には前者を「〈因果連関^n〉」後者を「〈因果連関^w〉」と表記する。
(31) Cf., W. V. Quine, *Word and Object*, MIT Press, 1960（『ことばと対象』、大出晁他

訳、勁草書房、1984年）, Davidson, *Inquiries into Truth and Interpretation*, Clarendon Press, 1984, pp.227-241（『真理と解釈』野本和幸他訳、勁草書房、1991年、238-259頁）, and *ibid*, p.222（邦訳、287頁）.
(32) Cf., Quine, "Two Dogmas of Empiricism," *The Philosophical Review* 60, 1951, pp.20-43（『論理的観点から』、飯田隆訳、勁草書房、1992年、31-70頁）.
(33) Davidson, "Reply to Richard Rorty," in Lewis Edwin Harn (ed.), *The Philosophy of Donald Davidson*, Open Court Publishing, 1999, pp.595-596. また次のようにも述べられている。

> 「心的なもの the mental の還元不可能性は強調するに値するが、それはただ、その還元不可能性が、翻訳や解釈の不可能性、複雑性あるいは明晰性の程度、あるいは全体論といったものよりも興味深いなにかに由来するがゆえに、なのである」（*ibid*, p.599）。

(34) Cf., *ibid*, p.599.
(35) Davidson, "Could There Be a Science of Rationality ?" *International Journal of Philosophical Studies* 3, 1995, p.4.
(36) Cf., R. Rorty, "Davidson's Mental-Physical Distinction," in Lewis Edwin Harn (ed.), *The Philosophy of Donald Davidson*, Open Court Publishing, 1999, pp.583-584.
(37) 規範性に訴える議論には、もうひとつ、命題的態度の内容に規範性が現れる場合がある。それについては、キムの解釈が最も強力な議論を提示しているが、それはデイヴィドソン自身の直接の主張ではなく、また内容がややテクニカルになるのでここで示しておく（Cf., Kim, "Psychophysical Laws," in *Supervenience and Mind*, Cambridge UP, 1993, pp.194-215. キムは、規範と記述の対比を、必然性と偶然性の対比を含意するものとして解釈している。また、S. エヴニンは、キムのように必然性と偶然性の対比に訴えることなく、しかし類似の例を用いて規範性の論拠について説明を与えている。Cf. S. Evnine, *Donald Davidson*, Polity Press, 1991, p.19（『デイヴィドソン』宮島昭二訳、勁草書房、1996年、48頁））.

　キムによれば、もし架橋法則が存在するならば、心的なものの必然性が物理的なものに、また物理的なものの偶然性が心的なものに伝播してしまうことになってしまうのである。命題的態度の内容において必然性が成立するのは次のような場合である。私がある人Sにpという信念とp→qという信念を帰属するならば、合理的な考慮によって彼にqという信念を帰属することに導かれるだろう。キムによれば、このようなきわめて基本的な論理法則に関わる信念の帰属は必然的に成立するのである。つまりある人物に最初の二つの信念が帰属されるが、三つめの信念が帰属されることのない可能世界は存在しないのである。

　では架橋法則が存在するとき、そうした必然性についてどのような問題がもたらされるのだろうか。ここで心理物理的な架橋法則 'P$_1$ ⇔ B (p ∧ (p→q))' 'P$_2$ ⇔ B (q)' が存在するとしよう（'B' は 命題的態度 'Believe' の略語である）。〈行

為-理由連関〉の言語ゲームにおいては、B（p∧（p→q））→B（q）が必然的に成立する。したがってP_1とP_2が成立している世界においては$P_1 \to P_2$が必然的に成立しなければならなくなる。また同じ条件下で経験的な考察にもとづいて$P_1 \to \neg P_2$が確立されたとしよう。そのとき架橋法則をつうじて経験的にB（p∧（p→q））→¬B（q）が成立することになるが、それはB（p∧（p→q））→B（q）の必然性と抵触することになる。

つまり心理物理的な架橋法則が存在すると、基本的な論理法則などに関わる信念について〈行為-理由連関〉の言語ゲームにおいて成立する必然性が、本質的に蓋然的である〈因果連関^n〉の言語ゲームに伝播することや、逆に〈因果連関^n〉の言語ゲームの経験的な法則が〈行為-理由連関〉の言語ゲームに伝播して必然的であるとみなされる法則と抵触するということが可能となってしまう。この帰結は〈行為-理由連関〉の言語ゲームあるいは〈因果連関^n〉の言語ゲームの本質と背反するので、架橋法則は存在しえない、という結論が導かれるわけなのである。

しかし、キムのこの議論に対しては二つの反論が可能である。第一に、〈行為-理由連関〉の言語ゲームにおいては、基本的な論理法則であっても命題的態度（信念）の対象として現れるのだから、誤りの可能性を排除できず、したがって必然的ではありえない、という反論が可能である。論理的な思考を習得する過程にあったり、薬物の影響下にあったり、精神的な疾患をわずらっているような人に対して、pとp→qという信念を帰属しつつ、qという信念を帰属できない状況は経験的にも十分可能だろう。第二に、キムの議論は必然性/偶然性あるいは分析性/綜合性を峻別できることを前提としているが、クワインが示したとおりそれはけっして自明ではない。P. ボゴシアンが詳細に論じたとおり、分析性/綜合性の区別に対する批判は、つきつめればクワインによる意味（翻訳）の不確定性の主張に依拠している（Cf., P. Boghossian, "Analyticity Reconsidered," *Noûs* 30, 1996, pp.360-391）。そしてそれは解釈の不確定性を主張するデイヴィドソンも容認するであろうし、しなければならない批判なのである（意味の不確定性を根拠づける最も透徹した議論を提出したのが『探究』の規則論にほかならない。規則論とクワインの翻訳の不確定性および指示の不可測性との類縁性については、たとえば Kripke, *ibid*, pp.55-56, を参照のこと）。実際キムが提示するこの種類の議論をデイヴィドソン自身が〈行為-理由連関〉の言語ゲームの非法則性の論拠として直接主張することはないのである。

(38) ここで参照するのは、基本的に、永井均『私・今・そして神』、講談社現代新書、2004年（特に、60-82頁）、である。この箇所で本論と密接に連関する仕方で自由と因果の問題が最も集中的に議論されているからである。ただし、同書は論述というよりは覚書というスタイルで書かれているので、必要に応じて、特に意識の問題についてより整理して論じられている、永井均『なぜ意識は実在しないのか』、岩波書店、2007年、および、永井均、入不二基義、上野修、青山拓央『〈私〉の哲学を哲学する』、講談社、2010年、の叙述にもとづいて内容を補完する。

Ⅳ　生命倫理の原理論

(39) 永井『私・今・そして神』、74-75 頁。
(40) 同書、62 頁、参照。
(41) このパラグラフは、特に『なぜ意識は実在しないのか』および『私・今・そして神』、第3章、にもとづいて議論を補完している。
(42) ここでの私的言語とは、永井の用語では、「不可能な」私的言語を意味している。可能な私的言語と不可能な私的言語との対比については、たとえば、『なぜ意識は実在しないのか』、36、152-153 頁、『私・今・そして神』、197、222 頁、等を参照のこと。正確には永井は、この「不可能な」私的言語の不可能性のみならずその不可避性をも主張することによってウィトゲンシュタインとも対峙する（『なぜ意識は実在しないのか』、110 頁）。これはきわめて重要な論点であるが、本論の主題の範囲を越える問題なのでここではそれに立ちいらない。
(43) 永井『私・今・そして神』、78 頁。
(44) これはもちろん永井の表現であるが、私的言語が不可能である、つまり私的言語は必然的にだれにでも理解可能な言語に転化せざるをえないということの別の表現だと言える。
(45) 「意識や現象的な質に関するゾンビの想定と［自由意志にもとづく］因果や法則や意味に関するゾンビの想定がどう違うかという問題は（中略）大きな哲学的問題を形成します。言い換えれば、「誰が何と言おうと私はゾンビではない」という自己確信の有効性の意味が、意識に関する場合と［因果や］規則や意味に関する場合とではちがうはずなのです」（［　］内引用者、『なぜ意識は実在しないのか』、74-75 頁）。
(46) 第二の解釈の枠組において、「自由意志を成立させているもはや観察不可能な脳状態がある」というアンチテーゼをまったく別の仕方で解釈することが可能である。「もはや観察不可能な脳状態（超越的な悪脳）」とは、テーゼの条件（「科学的知識が自由意志による観察にもとづく」）したがってその論拠である RS に対立しそれを批判しているという解釈である。それは、自由意志による観察（言語使用）とは独立に、自由意志を成立させる「悪脳」は超越的に実在しているという意味に関する超越的実在論の立場を意味している。もしこのアンチテーゼが妥当であるならば、それはテーゼに対する根本的な批判となる。しかし、意味に関する超越的実在論を正当化するためには、RS したがってウィトゲンシュタインの規則論を批判する論拠を提示しなければならないのである。

3 何が「君自身について物語れ」と命じるのか
――自伝、伝記、そして生政治――

入谷秀一

> 「誰の声を聞くべきか。誰の話を正当なものとするのか。他者に関することも含んでいる物語を、誰が自分の物語として語れるのだろうか。これらの疑問は、『自伝』という、今にも割れてしまいそうな薄氷の上に乗り出そうとしている書き手であれば、誰もが直面しなければならない問題である。」― Alice Wexler, *Mapping Fate: A Memoir of Family, Risk, and Genetic Research*

1 序

　これまで哲学者にとって自伝は二次的な研究対象であった。哲学が問題としたのは、ある思想家の体系であり、論理であり、教義である。けれども思想家の生や身体（corpus）は、彼の精神を体現した作品（corpus）とは違い、生活のプロセスを記述した自伝は単なるエピソードにすぎない、とされてきた。こうした区分けに反対した者もいないわけではない[1]。けれども哲学者が自伝について考察する機会は、今もほとんどない。自伝というジャンルを社会的または歴史的に成立させている力や意味連関をめぐるメタレベルの問いについても、事情は同じであるように思う。
　さしあたり、思いつくままにわたしの問題関心を挙げてみよう。

- なぜ人は自伝を書くのか。
- 自伝はだれに向けて書かれているのか。
- なぜ人は自伝を読むのか。

- 自伝に形式や規範はあるか、つまり自伝をある種「基礎づける」ことは可能なのか。
- いつ自伝というジャンルは成立したのか。
- 自伝は、非常にヨーロッパ的で近代的なナラティブの形式であるのか。
- 現代において、自伝はどういう意味を持つのか。
- 自伝の真理性を保証するものは何か——これは自伝と伝記との違いという問題にも関わっている。自伝は当事者ではなく第三者によって書かれた伝記よりも信頼がおけるのか。
- どのような自伝が読むに値するのか。
- そして、生の著者（author）としての自己の自律性（authority）について。自伝の書き手である自己の絶対的な自律性を認めることは、それほど自明なものなのか。

　これらは、その問題の広さからして、どこから手をつけたらいいのか見当もつかない、というのが正直なところである。そこでわたしは、わたし自身の偏見を一つ導入し、議論に少しでも見通しをつけたい。その偏見とは、くりかえし読むようわたしをうながす自伝は、多かれ少なかれ、何らかの生の危機を契機として書かれたものだ、ということである。これは死を前にした晩年こそが自伝が最も書かれる時期だ、という統計的データを意味しているわけではない。例えばエドワード・W・サイードは、回復不可能な白血病にかかったという事実をきっかけにして自伝の執筆にとりかかった[2]。またアリス・ウェクスラーは、自分自身にもいつハンチントン舞踏病が発現するかという恐怖の中で、この遺伝病患者たちの戦いの日々を綴った。ヴァルター・ベンヤミンは、二度と祖国に帰れないという思いからベルリンでの幼年時代を書いた。テオドール・W・アドルノは第二次世界大戦の直後に異国であるアメリカで自伝的なエッセイ（『ミニマ・モラリア』）を書いた。生きることから、それを書くことへと「転移」させようとする動機が、まさに生そのものの限界状況から生まれるのだろうか。こうした問題は、現代と無関係なものとは思えない。というのは、だれもが自分の生について説明したがってい

る現代は、まさしく個人にとっての生や死の意味が徹底的に変質し、生についての伝統的な定義や価値観が崩壊しつつある時代だからだ。この一見すると相反している現象こそが、わたしには非常に興味深い。

　自伝は「現在」と無関係な過去的事実を伝える、単なる歴史的資料なのだろうか。また自伝は、たいていの人間にとっては関係のない、特権的で文化的な営みの形にすぎないのだろうか。決してそうではない、というのがこの考察の出発点である。わたしの考えでは、個人にその生を公的な情報とみなすよう促す社会的圧力の高まり、そして各人の生活史を共有可能なものへと範疇化し、社会的な管理下に置こうとする生－政治（M・フーコー）のシステムの広まりは、ともに現在を特徴づける主要な歴史的動向を表している（第2節）。そこでは、最も個人的な事情について語るという「文学」的な営みが、まさに個人の生が自己決定的に操作可能であるがゆえに複製可能な情報へと一般化されうる、という「政治」的な側面と連関しているように思われる（第3節）。

　確かに人は、鏡に映る自分を見るように、物語の中で純粋な「私」を代表／再現前化（represent）させることはできない。というのは、自分をrepresentさせようとする言葉自身がすでに、自分の意のままになる所有物ではないからである。そしてまた、書き残した内容がどのように理解されるかということも、自分の意のままにはできないからである。その意味で自伝を書くことは、先行者と後続者という二重の「他者」との関係において、相続という政治的問題と深く関わってくる。と同時にそれは、教育の問題でもある。生きること、生を豊かにすることは他者の生から「学ぶ」ことを意味する。それが自伝を読むことを単なる知的好奇心の充足以上のものにする。だがこの関係は一方的なものなのだろうか。つまり私は先行者の自伝を読むことで彼から好きなものを、そして同じ仕方で後続者は私から好きなものを引き継ぐに過ぎないのか。わたしは第4節においてウェクスラーの自伝を細かく考察するが、それは彼女が、非対称的だが決して一方的ではないコミュニケーションの場面を、彼女自身の先行者と後続者との間でどのように構築しているかを見定めるためである。

IV 生命倫理の原理論

　以下の考察は、自分自身について説明することは常に他者からの呼びかけと相関的だ、というJ・バトラーの理論に多くを負っている。しかしわたしはこの相関性が含む政治的意味をバトラー以上に強調した。わたしがここで少しでも明らかにしたいと思うのは、自伝という文学的ジャンルの歴史ではなく、あくまで「君自身について物語れ」とうながす倫理的で政治的な力のメカニズムに他ならない（第5節）。

2　何が「君自身について物語れ」と命じるのか

　ポール・J・イアキンはその著書『自伝的に生きる——われわれは物語においていかにアイデンティティを創るか』の中でナラティブが個人のアイデンティティ形成に果たす重要な役割について論じている。そこで彼が言うに「われわれの社会的な取り決めは——少なくとも合衆国においては——われわれすべてが物語的アイデンティティを持ち、必要に応じてそれを呈示できる、とみなしている」。[3] 彼によれば、自己について系統立てて説明することは、とりわけアメリカの中流階級の子どもが教育課程において課せられる訓練であり、これを通じて子どもは自らを自律した個人として確立させると同時に、他者にその存在を認めてもらうための言語的規範を学ぶ。このプロセスは単純ではない。というのはこの場合自律とは、好き勝手に個性を表現することではなく、いわゆる「ノーマル」な人格を持った人間として受け入れられるように、他者と共有可能な物語に自身のそれをうまく適合させることを意味するからである。学校や階級、民族、会社、職業集団といった様々な制度は、それぞれの価値観をまさに各人の価値観として受け入れるにいたった経緯を「物語」として求めてくる。「あなたは何の仕事をしていますか？」という問いは、イアキンがふれているように、白人中流層が自己説明を求められるさいに用いられる最もありふれたセリフであり、人はCh・リンデのいう「因果性と連続性の原則」[4] に従って、今ある自己にいたった経緯を物語らねばならない。無論、どのような物語が求められるかということは、決して単純な問題ではない。ここ数十年くり返し喧伝されてきたように、ポストモダン的

社会においては「大きな」物語は消滅したのであるから。とはいえ、他者の承認を必要とする場面においては言説が規範（norm）を帯び、またそのことによって、規範を外れた（ab-normal）人間の説明可能性を予め排除するように働く、ということは容易に考えられる。イアキンによれば、ナラティブとアイデンティティとの相関が意味しているのは、そうした規範をある種の倫理的価値観として受け入れ、表明するよう促す社会的圧力が合衆国において顕著である、という事実に他ならない。

　イアキンはこうした事実はアメリカにのみ妥当する事情ではないと述べているが、これは正しい。おそらく事情はどこも似たり寄ったりだろう。そして哲学もまた例外ではない。おそらく今日ほど、職業哲学者が「自分が何者であるのか」という説明を強制されている時代はないのではないだろうか。だがこういう事態を考えるにつけ、わたしは、アメリカでの移民生活について述べたアドルノの『ミニマ・モラリア』の一節を思い出さずにはいられない。そこで彼が言うに、ナチスに追われ異国に逃れてきたユダヤ知識人たちは、そうでなくても昔の生活との絆を断たれているが、当地ではさらに、性格や年齢、職業を書いたアンケート用紙の提出が義務づけられる——それが彼らの「過去」のすべて、というわけだ。味気なく過去が列挙され、1枚の紙にまとめられる。これにより人は過去を失う、とアドルノは主張するのだが、というのは彼にとっては、現在を基準に過去を物品のように整理することは、単なる忘却以上に忌まわしいことだからである。

　アドルノの自伝というジャンルにたいする嫌悪は徹底している。自伝は人間の性格を何か各人に自然に与えられたものと考え、人格を切れ目なく統一したものと想定しているが、それは近代ロマン主義が生み出した幻想にすぎない。そうした幻想は彼によれば、個人の生活史が抱える断片的な性格を隠ぺいするだけでなく、それを形成するのに大きく寄与しているはずの他者の存在——それが身近な者であれ、異なった言語的規範あるいは歴史的背景を抱えた個人であれ——を排除する、という暴力的な側面を有している。アドルノにとっては、自伝が帯びているロマン主義は自己愛的な傾向を有する自意識に似ており、この自意識は自らを生活史の無制限で権威ある唯一の著者、

と主張する傾向にある。とはいえ、彼は決して自伝の可能性を否定しているのではない。生と切り離された哲学など無意味だと彼は考えていたし、何より『ミニマ・モラリア』ほど、彼の生活史を如実に伝えるものはない。彼はただ、自伝のいう「自己」とは何か、自己はどこまで自己でありうるか、自己と他者との間の関係はどうなっているのか、そこに明確な境界があるのか、といった問題を決して自明視したくなかったのである。「私」が不明瞭であること、意のままにならないこと、居心地の悪さの中で「私」について語らねばならないこと、これらはバトラーがアドルノに目配せを与えつつ述べているように、「道徳性そのものが出現するための条件」[5]なのである。アドルノにとって自伝的語りが「成功」するとすれば、それは、予期せざる他者のまなざしを前に、ある種のはにかみの感情なしに「私」を表明することが不可能な場面においてなのだろう。

3 変容する自伝

　実際、グローバルな規模で浸透するソーシャル・メディア・ネットワークがどこまで個人に特有の生活史を伝えることができるかという問題は、決して単純ではない。確かにわれわれは、FacebookやTwitterに代表されるサービスによって互いの情報を極めて効率的に知ることができる。加えて、出版社による介入も存在しないサイバースペースでは、各自はそれぞれに固有の生活史を意のままに書きつけることができる。自伝的情報はそこでは、他者に自身を説明し、その存在を社会的に承認するよう誘惑するために不可欠なツールである。しかし同時にそこでは、共時的な空間を形成するネットワークの浸透によって、各人それぞれの生活史が解釈される従来の仕方が変容しつつあるように思われる。この場合重要となるのは、個人がその人生行路においてどのような人生を歩み、どのような時間を過ごしてきたかというコンテクストではない。むしろ他者がこの当人と関係をとり結ぶさいに尺度として注目するのは、彼が「今」持っている属性、つまり外見、身体的能力、学歴といった、だれにでもわかるような特徴である。ネット上に登録された

精子バンクはこうした情報にあふれているが、ここで購入者が得たいと望むのは「将来の父親」が築いてきた人生の道のりではなく、個人的で不可逆的な彼の生活史から切り離された様々な情報、ということになる。

実際、自伝的ナラティブはその応用可能性を臨床的な医療現場にまで広めているが[6]、他方で個人からその生活史の権威性を簒奪する圧力は、テクノロジーの側からのみならず、当の医療と関係の深い生命科学からもわき起こっている。

例えば医療ジャーナリストのM・リドレーはその著書『ゲノム　23章からなる種の自伝』の序文でこう述べている。「私は、ヒトゲノムが一種の自伝——われわれの種と生命誕生以来の祖先の歴史を物語る、『遺伝子語』で書かれた変転と創造の記録——であると考えるようになった」。[7] 確かに彼は単純な遺伝子決定論者ではない。しかしACGT（アデニン・シトシン・グアニン・チミン）の四つの遺伝語のデジタルな組み合わせは、もはや「精神」の成熟の物語、つまりわれわれが動物的な自然状態を脱し「理性的動物」となるという、伝統的な理念の具体化プロセスを単純に物語ることはない。リドレーによれば、個人の性格や欲求、行動パターンは、白紙の状態の上に主体が経験的に積み上げていくというより、個人に先行する親の世代の遺伝形質が受け継がれ、それが各人の置かれた環境との相互作用に応じて不規則な仕方で発現してくるもの、と理解されねばならない。だからこの場合、遺伝的側面を含む生活史のマネージメントの範囲は個人の自伝のそれをはるかに超え、「先行者」としての親や「後続者」としての子や孫にまで及ぶことになる。個人をわれわれの生活史の分割不可能な——つまり他者や自然的ファクターによる介入を原則的に排除しうる——「著者」と考えるJ・ハーバーマスとは反対に[8]、「運命」は世代を超えて共有されることになるのだ。

4　他者とのコンフリクト、および和解の場としての自伝

しかし、そもそも著者である「私」の力や意味については、どう考えたらいいのか。もし仮に物語の主人公としての権利が制約を受けたならば、それ

IV 生命倫理の原理論

は「私」が不当かつ非倫理的に扱われたことになるのか。

　まず単純な事実として、自伝の言葉はわたしの所有物ではない。言語は私的な発明品ではない。だからこそ自伝は、各人の生の正確なコピーではありえない。そして第二に、自伝は書き手の意図や目的、希望、要求を超える仕方で、文字通り著者の死を超えて残存することになる。思弁的に定式化するなら、書くということ自体がすでに、単純な生命活動の直接性からの離反を意味しているのだ。「ニーチェ」という名はもはやニーチェ当人には帰属しない、とデリダが述べているように、そして生の直接性が埋葬されてはじめて歴史が生ずる、とサイードがいうように[9]、書くことは、それ自体がある種の喪の手続きを含みこんでいるのかもしれない。そして第三に、多くの自伝は、自分より早く生まれ、望むと望まざるとにかかわらず自分の存在を形成し、自分についての様々な選択的行為をすることになった先行者、つまりたいていの場合両親との関係について整理し、説明することから始まっている。時には両親の死や不在が、二度と現前することのない関係性をふりかえるよう「私」に促すターニング・ポイントになることもある。そのドラマチックな典型を、われわれはウェクスラーの自伝的著作にみることができる。

　1978年にアリス・ウェクスラーの母レオノアは亡くなったが、すでにその十年前、彼女は死の直接的原因となった病気の診断を受けていた。ハンチントン舞踏病と呼ばれていたこの難病は、ある程度高齢になってから発病する。筋肉の痙攣、精神の遅滞、極度の鬱状態が続き、助かる望みは完全にない。狂気に陥り、自殺する者も少なくない。そしてこの時限爆弾は2分の1の確立で確実に遺伝する。レオノアの3人の兄、彼女の祖父、その曾祖父はいずれも舞踏病によって亡くなっている。ウェクスラー自身がその発症リスクを抱えており、彼女がこの著作を書き始めたのは、まさに母がかつて症状を呈し始めたのと同年代にさしかかってのことだった。だが何のために？　彼女は「この病気の社会的・情緒的な意味合いについて模索したいという思いに駆られました」[10]という。そしてそれは「私自身のためにであるとともに、母のためでもあった」[11]。

　実は執筆当時、すでに舞踏病の発症にかかわる第四染色体上の遺伝子のお

およその位置は特定されていた。アリスの家族（精神分析家の父ミルトンと生物学者である妹ナンシー）自身がこの事業の一翼を担っていた。だから「Mapping Fate」——この著書の原題である——は、彼女自身の運命をマッピングした物語であると同時に、遺伝病克服の道程をマッピングしたアメリカの科学史、という色彩も帯びている。だがなぜ彼女は、母の人生の軌跡をもマッピングするのか。単に最も身近な舞踏病患者だったからなのか。いや、であれば母がメキシコでレイプされた事実まで記す必要はあるまい。母によせる彼女の感情は複雑を極める。恨みがあり、愛情があり、何より母が自分自身について語ることが少なかったことからくる、どうしようもない隔たりの感情がある。母は自分に発症リスクがあることを知っており、そしてそれを結婚前に明確な仕方で父に伝えなかった。結果として、過酷な運命を娘に分け与えることになった。やがて父と母は離婚した。アリスはすでに子供をつくることをあきらめている。自分と同じように、人生が瓦解する不安をわが子に押しつけるわけにはいかないからだ。しかしなぜ母は、リスクがあると知って自分を生んだのか。「いつも他人のために自分を犠牲にして、自分の希望を主張することなく、いつも自分の存在を謝りつづけている、そんな母の殉教者みたいな振る舞いが嫌でたまらなかった」。[12]

離婚後、25年のブランクを経て再び大学院に通いだし、絵画や教職につくための勉強を始めた母は、1963年の夏、メキシコで4人の暴漢に襲われる。レイプの後遺症と思われる神経症に悩まされながらも何とか教員免状を手に入れた母だが、その1年後、決定的な死亡宣告を受ける。医師から正式な病名を告げられたのだ。さらにその1年後、彼女は自殺未遂をする。

著作の中で、アリスは母の苦しみをなぞる。彼女は、母と自分に近づく不透明な死の影を前にしてセラピーを受けているが、その理由をこう記している。「死が近づいている母の、そして母自身がなりえなかったもののために、また私がこれまでのアイデンティティを失うことへの準備のために、私自身が発症リスクのある人になる前に、ちゃんと悲しんでおく必要があった」。[13]

彼女は続ける。

IV　生命倫理の原理論

「母に対する悲しみは、自分や妹、哀れな将来、持つことのないだろう自分の子どもへの悲しみとも混ざりあっていく。妹と私には共通の思いがあった。それは、母がすべての希望と絶望を告白してくれるような、人生をめちゃくちゃにしたこの病気の、彼女自身の歴史を語り尽くしてくれるような会話をしたいという想いである。それは私たちには一度として語られていないが、母自身はよく知っているものだった」。(14)

　苦しんだ母の一生を描くこと、それは我知らず自分を喪失していった母の声を回復させることであり、アリス・ウェクスラーはその声を共有し、また共有することを通じてそれを哀悼し、葬る。母に起こった幸福と不幸を分け隔てなく叙述することで、母に対する感情が整理されてくる。しかし、コミュニケーション（「会話をしたい」）の光景を物語的に創造することなしには、彼女はそうした情緒を分節化することは出来なかっただろう。物語こそが、苦しんだ者の社会的で歴史的な情緒の意味を効果的に浮かび上がらせるのだ。こうしたケースにおいて本質的なのは、不治の病が抑圧していた情緒の表現をマッピングし、これを聞き分けることに他ならない。
　アリス・ウェクスラーが置かれたある種の限界状況を要約するならば、こう定式化できるかもしれない。つまり「私」は、自己を産み育てた他者がもはやこの世に存在せず、また「私」自身が早晩この世に存在しなくなる、という二重の状況において、あるいはまさにその状況の二重性がために、死者を蘇らせ、また生者である「私」自身を葬らねばならない、と。物語というフィクションの地平を共有しつつ、純粋な死者でもなく純粋な生者でもない「私たち」は会話し、攻撃し、互いの言い分の正当性を主張し、和解のポイントをさぐり、複雑に絡み合った情動を分節化させる。ウェクスラーの自伝が鮮明に記述しているこうした、他者が「私」を取り囲み、そのアイデンティティをゆさぶるという構造は、ニーチェ晩年の自伝『この人を見よ』のあまりにも有名な冒頭部分を想起させる。「私という存在の幸福、おそらくは他に例のないその独自性は、持って生まれた次のような宿命に根ざしている。すなわち、謎めいた形でこれを言えば、私は私の父としてはすでに死亡し、私

の母として今なお生き延び、歳をとりつつあるということである」（KSA6, S.264.）。⁽¹⁵⁾ デリダが示唆するように、この「謎めいた形」は、執筆当時に実際にニーチェの父が亡くなっており、母が存命していた、という単なる事実以上のものを含んでいる。つまり、「私」自身が生ける母であると同時に死せる父である。上昇と下降の両方を知る者であり、始まりであると同時に衰退者である。こうも敷衍できるのであろうか、「私」は死者として語り（書かれた言葉としてのエクリチュールは死せる言葉だ、とデリダは述べている）、自伝を生産するが、それは、「私」は子（作品）を産む母でもあるからだ、と。

しかしこの「相続の系譜」——差し当たりわたしはこう定式化したいのだが——は単純ではない。確かにアリス・ウェクスラーは、母親の抑圧させられた声は自分自身の声でもある、と断言する。そこに彼女が自伝を書く強い動機も存在する。だが他方で、母親と同じ太い親指をしていることに強い恐怖感を持ち育った彼女は、母親とは異なった強いパーソナリティー、自分自身がそうでありたいと願うフェミニスト的な人格を、他者のうちに読みとりもする。彼女が惹かれるのは、20世紀初頭の無政府主義者エマ・ゴールドマンであり、彼女の自伝にアリスは、自らを似せたいというミメーシス的対象を見いだす。次の一節を見よう。

「母が亡くなってから、私は真剣にエマ・ゴールドマンの伝記に取りかかり始めた。あたかも母の死が私を、この大プロジェクトを開始することに向かわせたかのように。それはまた、母親という存在を他に創り出すことで、亡くなった母の面影の埋め合わせをすることのようでもあった。もちろん、この世の時間は限られたものと割り切り、冷静に現実を見つめる自分も存在する。仮に母と同じ運命を辿るのであれば、すぐにでもこの本を書き始めなければならないと感じていた」。⁽¹⁶⁾

他者（母）を自己のエクリチュールに投影する「自伝」的構造とは違い、ここには、他者についてのエクリチュールに自己を投影するという「伝記」的構造がある（それに何よりウェクスラーの自伝は、狂人として沈黙を強い

られ、社会的に葬られていった舞踏病患者たちの伝記でもある)。この場合、すぐにでも自分を他者に「転移」させねばならないという切迫した必要性に反映されているのは、端的にいうなら、生き延びたいという意志ではないだろうか。

5 自伝、伝記、そして生政治

　バトラーは『自分自身を説明すること』の中で、アドルノやレヴィナス、カフカなどの作品を参照しつつ——言いかえれば、彼らによって呼びかけられ、また呼びかけられたと認識しつつ——他者に呼びかけられていることこそが「私」が出現し、「私」自身について説明し、物語るための一般的条件を構成している、と述べている。そのような他者には特定の肉親や人物だけでなく、彼らの言語も含まれる。また呼びかけは、時として意に反した説明を行うよう求めてくることもあり、その場合説明はコンフリクトを抱えたものになる。つまり断片的で、暴力の傷跡を引きずり、問題含みの物語として発せられる。しかしいずれにせよバドラーによれば、人は様々な仕方で呼びかけられており、その声は止むことがない。呼びかけているのが誰か、あるいは何かということがついに判明することがないにせよ、人は、その前－意識レベルの対象との関係性の中で対話をくり返し、自らをそれに向けて説明可能なものへと仕上げなくてはならない。死の瞬間においてさえ、「私」の語りかけは、私という生物学的存在の死後も生き残る誰か（何か）に向けられることになるだろう。バトラーによれば、この呼びかけの関係性は、ある事柄が成就したまさにその瞬間に当の事柄自身を忘れ去ることのできる目的論的コミュニケーションのあらゆる可能性を超える。その外延に限界はない。

　この呼びかけの光景が編成している声は、転移による要約や屈折を通じて「われわれ」の生存への欲望を表現する。ゆえに「その声は亡霊的で、不可能なものであり、身体を持たず、しかし残存し、生き延びている」。[17] アドルノがベンヤミンへの手紙の中で論じるカフカのオドラテクのように、この声は無機物と有機物の境界を止揚し、生き延びる（überleben）。そしてバトラ

ーが論ずるに、人は生き延びるためにはこの声を聞き分け、その声に応じる何らかの方法を学ぶ必要があるという。しかしこの声はどの程度まで明瞭なのか。どの程度まで人をその声に応じる権利を、あるいは権力を持つべきなのか。この点に関しては、まさにバトラーの言述は文字通りアンビヴァレントである。というのは、その声はまぎれもなく私自身の声だ、私にささげられた愛だ、そして「私」だけがそれを学び相続した、といち早く応じる者は、自己愛的な暴力性を素通りすることができないからだ。そうした愛は自分を構成する物語の首尾一貫性を疑うことができず、自分を映し出す鏡へと他者をいち早く転換してしまうだけでなく、ある集合表象へと平板化した他者を想定することで、他者だけでなく自己自身をも大量生産される商品へと転換してしまう。

　ここでわたしはデリダの警告を想起し、その声に応じることにしよう。彼は言う。「罪深き」生を神の前で告白し、各々の自伝を説明させることを強制するキリスト教的なナラティブの形式、その形式が持つ恐るべき暴力装置のラディカルな告発者として、われわれはニーチェの名を忘れることはないだろう。だが他方でニーチェは、やはりある種の教えを生きながらえさせることに大きく寄与したのではないか。彼こそが、誰もがその株主と自認できるその「ニーチェ」という企業を設立したのではないか。「わたしの著作どころか、わたし自身からしてからが、まだ存在してよい時機には来ていないようだ。死後に生まれる人だって若干はいるのである。──そのうちいつか、わたしの生き方やわたしの教えを実践し、教育するような公共機関を設けることが必要となるであろう」(KSA6, S. 298.)。ニーチェの読者であること、それは「ニーチェ」という名によって署名される政治的出来事を引き受けることに他ならない。こういうわけで、ニーチェの最悪の弟子として力やFührer（指導者／総統）の教説に関する倒錯した模倣行為を行ったナチズムは、その恐るべき政治的効果を、ニーチェがはるかな未来に向けて転移させた訓育への欲望から、つまり「この人を見よ」という命法から引き出したのではなかろうか、と。

　おそらく、自分の声を誰も受け止めてくれない、という絶対的な途切れの

Ⅳ　生命倫理の原理論

うちでは、誰も生き延びることはできないだろう。やがて消えゆく「私」は、今の私以外の何ものかにならねばならない。だから誰でもいい、私に語りかけてくれ、そしてどんな形でもいい、私を映し出してくれという願いを、誰が無視できるだろうか。しかしまたこの「誰でもいい」は、いつか「私の」声を正確に聞きとってくれる相続人が現れるだろうという願いと絡まり合っている。死ぬ前にデリダが残した声は、この教育と相続、そしてテクノロジーとマス・メディアによる哲学的テクストの際限なき氾濫、再生産、凡庸化の問題をめぐって揺れ動いている[18]。生に関する複製された記録（伝記）が断片的につなぎあわされ、再編され、無定形な情報としてネットワークに乗せられる現実を前にして、書いたものはもはや著者の意のままにならず、著者は読者を選ぶこともできず、誤解を防ぐこともできない、という事実をデリダは改めて確認する。時代は変わった。プラトン、カント、ヘーゲルといった哲学的権威に通じた大学教授がその教説を、もの言わぬ受取人としての学生（聴講生）に一方的に伝授するという大学教育のスタイルは、時代遅れとなったのだ。その一方で、「脱構築」の偉大なマスターとしてデリダの伝記をまき散らすエピゴーネンが大量に生産されてゆく。著者自身の痕跡を限りなく脱固有化しながらさまよう自己のエクリチュールを、デリダは「けっして生きることを学ばないであろう、教育不能のあの幽霊のようなもの」[19]と呼ぶ。そしてデリダは、驚くべきことに、この「幽霊のようなもの」として生き延びることをむしろ欲しているようにも見える[20]。単なる「耳」であること（「聴」講生）を他者に強制する教育システムの一員であることを回避し、また同時に、自分もまた他者によって教育されないことの無限の自由を享受しながら、彼は「相続の系譜学」が発揮する政治的効果を巧みにかわそうとしているように見える。だが完全に、ではない。というのは、やはりデリダは、自らのエクリチュールの固有性に応じる読者を欲しているからだ。応じるとはここでは、単なる情報の取り入れでは全くない。テクストを理解すること、それはそのエクリチュールの「本来的に論理的な必然性」[21]を理解することであり、それにより、読者が「別様に生まれ変わること」[22]が期待されるのだ。けれども、生まれ変わりの必然性を受け入れるよう、つまり

必然的に「死」を含みこんだ転移を行うよう指令を下すこと、これこそ最もラディカルな教育の姿ではないだろうか。デリダがいまだ現れざる数少ない彼の「とてもよい読者」[23]を想定するとき、彼もまた、エクリチュールが発揮する政治的効果と無縁ではないのではないか（とはいえわたしは、この効果の価値を否定するつもりはない）。

つまるところわたしがこの試論でいいたいのは、自伝および伝記に近づこうとするわれわれ自身の動機、そしてわれわれ自身の生存の欲求と根底において結びついているこの形式に、もっと敏感になるべきだ、ということだ。どのような他者によって私が私自身の物語へと巻き込まれているか、またどのような読者を自身の力の及ぶ領域に巻き込もうとしているかについて、慎重に見極めるべきなのだ。人間の死すべき有限性を受け入れるとき、この欲求は「愛」へと昇華され、見返りを求めない非対称的な関係を他者との間に築くこともできるかもしれない。そうした愛は倫理的に否定されるべきではない。だがわれわれは常にそれに応じ、受け入れるべきだ、というわけではない。わたしが論じたように、この愛が映し出すものは自己愛かもしれず、その場合他者から贈られる愛は、その巧妙な自己正当化のプロセスにおいて、逆に、自己否定（＝死）と生まれ変わりの物語を説明するよう、くり返しあなたに命ずることになるだろう。

〔註〕
（1）Cf. Jacques Derrida, *The Ear of the Other: Otobiography, Transference, Translation*, Christie McDonald（Ed.）, University of Nebraska Press, 1988.
（2）Edward W. Said, *Out of Place: A Memoir*, Vintage Books, 2000.
（3）Paul John Eakin, *Living Autobiographically: How We Create Identity in Narrative*, Cornell University Press, 2008, p.16.
（4）Eakin, *Living Autobiographically*, p.30.
（5）Judith Butler, *Giving an Account of Oneself*, Fordham University Press, 2005, p.8.
（6）Cf. Hilde Lindemann Nelson（Ed.）, *Stories and Their Limits. Narrative Approaches to Bioethics*, Routledge, 1997.
（7）Matt Ridley, *Genome: The Autobiography of a Species in 23 Chapters*, Fourth Estate,

2000, p.4.
(8) Jürgen Habermas, Auf dem Weg zu einer liberalen Eugenik? Der Streit um das ethische Selbstverständnis der Gattung, in: *Die Zukunft der menschlichen Natur. Auf dem Weg zu einer liberalen Eugenik?*, Frankfurt. a. M., 2005.
(9) サイードは『始まりの現象　意図と方法』の第6章のヴィーコ論で次のように述べている。重要だと思われるので長文であるが引用する。「ヴィーコが humanitas（人間性）は humando（埋葬すること）に由来するということを言ったとき、彼は、自分の人本主義的な哲学にはそれ自体を否定する要素が含まれていることを理解していなかったかもしれない。〈埋葬すること〉は、ヴィーコの意味では、差異を産むということである。そして、差異を産むということは、デリダが主張しているように、存在を〈遅延させること〉、ぐずぐずすること、不在を導入することである。すでに見たように、ヴィーコは人間の歴史と言語とを結びつける。人間の歴史は言語によって可能にされてきたのである。しかしヴィーコがほのめかしてしかいないことは、ちょうど歴史が直接性の埋葬（除去、転移）によってのみ生まれるのと同じように、言語は効果的に人間の現存性を転移させるということである。この遅延の行為は、デカルトに対する、〈コギト〉の中心性に対する、そして幾何学的方法に対するヴィーコの絶えざる攻撃の一部として理解することができる。」（『始まりの現象　意図と方法』、山形和美・小林昌夫訳、法政大学出版局、1992年、554-555頁）
(10) Alice Wexler, *Mapping Fate: A Memoir of Family, Risk, and Genetic Research*, University of California Press, 1996, p.xvii.
(11) Ibid.
(12) Wexler, *Mapping Fate*, p.28.
(13) Wexler, *Mapping Fate*, p.71.
(14) Wexler, *Mapping Fate*, p.69.
(15) KSA: Kritische Studienausgabe, Hg., von G. Colli und M. Montinari, Berlin/New York, 2004.
(16) Wexler, *Mapping Fate*, p.166.
(17) Butler, *Giving an Account of Oneself*, p.60.
(18) Jacques Derrida, *Learning to Live Finally: An Interview with Jean Birnbaum*, Pascale-Anne Brault and Michael Naas（Trans.）, Melville House, 2007.
(19) Derrida, *Learning to Live Finally*, p.32.
(20) デリダは上記のインタビューの中でインタビュアーのJ・ビルンバウムにこう述べている。「いいえ、私は〈生きることを学んだ〉ことはけっしてありません。実に、まったくないのです！生きることを学ぶとは、死ぬことを学ぶことを意味するはずでしょう。絶対的な死滅可能性、（救済もなく、復活もなく、贖罪もなく――自己に対しても、他者に対しても）死滅可能性を、それを受け入れるべく、考慮に入れることを。それは、プラトン以来の、古い哲学的命令です。哲学すること、それは死ぬこと

を学ぶことであると。私はこの真理を信じていますが、それに従ってはいません。従うことがいよいよ少なくなっています」(Derrida, *Learning to Live Finally*, p.24.)。
(21) Derrida, *Learning to Live Finally*, p.31.
(22) Ibid.
(23) Derrida, *Learning to Live Finally*, p.34.

4 ブレイン・マシン・インターフェースの脳神経倫理
―― 臨床研究の観点からの論考 ――

平 田 雅 之

はじめに

　ブレイン・マシン・インターフェース（Brain-Machine Interface: BMI）とは脳信号から脳活動の内容を読み取ってロボット等の外部機器を脳活動の内容にしたがって制御する技術である（図1）[1]。筋萎縮性側索硬化症（ALS）

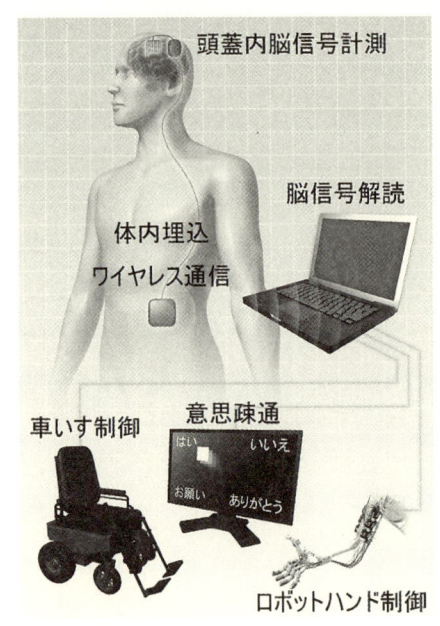

図1　ブレイン・マシン・インターフェースの概念図
ワイヤレス埋込型のブレイン・マシン・インターフェースを示す。

等の神経難病や脊髄損傷、脳卒中等による身体の麻痺や発話障害により患者は大きなストレスにさらされるが、有効な治療がないのが実情である。BMIの技術を応用すれば、ロボットアームを上肢の代わりに用いたり、コンピュータで意思疎通を行うことによって、これらの障害で苦しむ患者に機能代行手段を与え、生活の質を向上し、ストレスから解放できる可能性がある。

しかし、BMI は脳活動の内容といういわば究極とも思われる個人情報を読み取る技術を用いるため、本邦で注目を持たれ始めた当初から倫理的な観点からも取り上げられるようになった[2]。また、本邦では主に医療応用や情報通信への応用を目指して研究が行われているが、米国では当初、国防総省国防高等研究計画局（Defense Advanced Research Projects Agency：DARPA）が多額の研究費を拠出し、軍民共用技術として軍事技術への応用も目指して研究が行われていたという事実がある[3]。また、BMI の技術を用いれば、将来的には健常者がそのひとの本来の能力以上の能力を獲得できる可能性もあり、能力増強（エンハンスメント）という倫理的問題も指摘されてきた[4]。こうした倫理的問題は脳神経や精神に関係することから脳神経倫理と呼ばれている。

BMI にはこうした問題はあるものの、身体障害者の生活の質を改善できる可能性があるという大きな長所がある。実際本邦のアンケート調査でも BMI の医療応用に関しては肯定的な意見が大勢を占めている[5]。こうしたことから、大まかな方針としては、倫理的な問題点に十分な検討と対策を行った上で、医療応用の実用化を図るのが最も妥当な選択と思われる。筆者らは臨床研究者として、こうした方針にもとづいて倫理的問題に対応しながら、基礎的な研究開発から臨床研究まで取り組み、BMI の医療応用を目指している[6]。そこで本章では、神経疾患治療の観点から脳神経倫理と生命倫理について概観し、ついでブレイン・マシン・インターフェースの脳神経倫理について、特に臨床研究の観点から我々の行っている倫理的対応を中心に解説する。

神経疾患治療と脳神経倫理の誕生

脳神経倫理は脳科学の進歩に伴って主に 2000 年以降に注目され始めた学問

Ⅳ　生命倫理の原理論

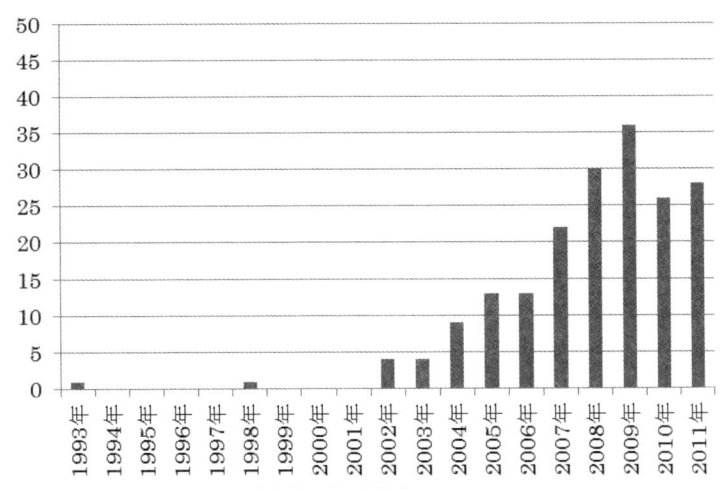

図2　神経倫理に関する論文数の年次推移
Medline にてキーワード Neuroethics で検索した。2011 年に関しては 8 月までの論文数を青色で表示し、これをもとに 12 月までの論文数を推定したものを斜線で示した。

分野である。脳神経倫理 Neuroethics という言葉は、遡れば 1973 年には使用例が見出されるという[7]。ちなみに Medline というインターネットの医学系文献検索サービスで Neuroethics をキーワードに文献検索すると 1993 年から見出され、2002 年以降に急増している（図2）。これは 2002 年 5 月に米国サンフランシスコで開催された国際シンポジウム Neuroethics: Mapping the Field で学問領域としての宣言がなされたことが大きい。本邦では 2004 年に（独）科学技術振興機構内の社会技術研究開発センター（RISTEX）に脳神経倫理研究グループが設置され、学術活動が始まっている[8]。

　脳神経倫理学は本邦では BMI 研究の盛り上がりとともに注目された感があるが、米国ではそれ以前に、精神疾患治療薬の一部が、試験の成績を上げるために学生のあいだで濫用されていることをはじめ、様々な薬物で認知・記憶機能の増強効果が明らかにされはじめたことが問題になり、大きく注目された。例えば、リタリン（薬物名はメチルフェニデート）は ADHD（注意欠陥多動性障害）に対する薬剤であるが、ガザニカらによれば、リタリンを飲めば SAT（米国の大学進学適正試験）の点数が 100 点以上アップすると言わ

れており、現に多くの若者がその目的でリタリンを服用しており、麻薬の濫用防止と同様、もはやそれを止めることはできないだろうという[9]。薬物を用いれば、患者だけでなく健常者もそのひとの本来の能力以上の能力を発揮できるということがすでに現実となっているのである。こうした能力増強の倫理的問題点をめぐってエンハンスメント論争と呼ばれる議論が巻き起こっている[4]。エンハンスメントに関する論争においては、作業効率をあげるために様々な工夫をすることはよいことであるが薬物を使用することまで認められるのか？　金銭的理由等により薬物を使用できる人と使用できない人で不利・有利が生じるのではないか？　副作用の危険性、特に長期的な副作用の危険性を排除できない、等多くの問題が指摘され議論されている。

臨床研究と倫理指針

　脳神経倫理に関してはまだその議論が端緒についたばかりであり、指針・規則・規程といったものが存在しないのが実情である。しかし脳神経倫理の前提になる、生命倫理や臨床研究に関する倫理については整備がなされ、すでに指針・規則・規程が世界・国内・施設内といった各レベルで存在する。そこでここではヒトを対象とした臨床研究における倫理について概観する。動物実験に関しては別に動物愛護の精神に則った規程があるが、本稿の対象外なので割愛する。

　ヒトを対象とする医学研究の倫理原則についての最もおおもととなる国際的なものが、ヘルシンキ宣言である[10]。ヘルシンキ宣言は 1964 年 6 月　第18 回世界医師会総会（ヘルシンキ、フィンランド）で採択され、以後何度も修正され、最近では 2008 年 10 月に開催された世界医師会ソウル総会で大幅な修正がなされている。宣言の対象者は医学研究にかかわるすべての人々であり、宣言の保護対象が単にヒトだけにとどまらず、ヒト由来の臓器・組織・細胞・遺伝子、さらには診療情報まで含み、以下の五つの基本原則を柱としている。

　1．患者・被験者福利の尊重。
　2．本人の自発的・自由意思による参加。

3．インフォームド・コンセント取得の必要。
4．倫理審査委員会の存在。
5．常識的な医学研究であること。

国内の倫理指針としては以下のものがあり、基本的にはヘルシンキ宣言の内容を踏まえたものとなっている。

- 臨床研究に関する倫理指針（平成20年厚生労働省告知第415号）[11]
- 疫学研究に関する倫理指針[12]
- ヒトゲノム・遺伝子解析研究に関する倫理指針[13]
- 遺伝子治療臨床研究に関する指針[14]
- ヒト幹細胞を用いる臨床研究に関する指針[15]

さらに、国内の主だった臨床研究機関においては、施設内規則が定められている。例えば大阪大学には、大阪大学研究倫理審査委員会規程[16]が定められており、学内組織である医学部には大阪大学医学部医学倫理委員会規程[17]が定められており、さらに医学部の附属病院には大阪大学医学部附属病院臨床研究倫理審査委員会規則[18]が定められている。こうした施設内倫理規定にもとづいて、各施設単位に施設内倫理審査委員会が設置されており、日本では、全ての大学医学部、医科大学、および主要な研究機関に、施設内規則にもとづいて倫理審査委員会が自主的に設置されている。こうした階層的倫理審査により、十分かつ迅速な倫理審査が可能な体制が構築されている。例えば大阪大学医学部附属病院で臨床研究を行う場合、まず大阪大学医学部附属病院臨床研究倫理審査委員会に倫理審査申請を行う。ここでは倫理的にそれほど大きな問題のない臨床研究に関しては、マニュアル化された審査により迅速な倫理審査が行われる。事前審査や倫理審査委員会で倫理的に問題が大きいと判断された場合には、医学部倫理委員会に倫理審査申請を行うよう指導が行われ、より十分な審査が行われるしくみになっている。

また、臨床研究に関する倫理指針に加えて、特殊性、重要性を考慮してヒト遺伝子・ヒト幹細胞研究、疫学研究については疫学研究に関する倫理指針、ヒトゲノム・遺伝子解析研究に関する倫理指針、遺伝子治療臨床研究に関する指針、ヒト幹細胞を用いる臨床研究に関する指針、と各々別個に倫理に関

する指針が定められているが、脳神経倫理に関してはまだ専門的倫理指針がないのが実情であり、BMI 研究の進展を考慮すると早急に検討を行うべき時期にあると思われる。

　こうした倫理指針を制定するにあたってはしっかりとした学問的基盤が必須となるが、学問的には精神、意識、自我の主座である脳という臓器の特殊性・重要性を考慮すると、独立した学問領域として扱うべき面がある一方で、エンハンスメントなど遺伝子・幹細胞等他の研究分野と共通した問題点については、共通化して応用倫理として包括的に扱うべき側面も指摘されている[19]。これらの動きは、実用的には必要十分な倫理規範体系を構築し、むやみに多くの倫理指針を制定して、逆に遵守することが煩雑になるのを防ぐのにも貢献するものと期待される。

BMI と脳神経倫理

　本邦では BMI 研究の気運が高まるとともに脳神経倫理に注目が集まったが、その第一の理由は脳情報流出の問題があろう。BMI のキーとなる基盤技術としてニューラルデコーディングと呼ばれる技術があり、これは脳信号からその人の脳活動の内容を読み取ることを可能にする。例えば筆者らは、難治性のてんかんや難治性の疼痛の治療目的で脳表面に電極を留置した患者さんの協力を得て、脳表脳波を用いた脳機能再建の研究を行い、そのひとの手の動きを、数種類であれば 80-90% の精度で推定することに成功し[20]、現在、実用的には初歩的なレベルではあるが、ロボットアームをリアルタイムに制御できるレベルにある[21,22]。また ATR 脳情報研究所の神谷らは fMRI の信号から被験者が見ている文字を再構成することに成功している[23]。これらの脳活動読み取りは運動や視覚に限られており、脳機能の精神や感情的な領域にまでは踏み込んではいない。しかし、こうした技術が進歩すると、精神や感情の領域に踏み込む可能性も考えられ、マインドリーディングが実現することになる。ある種の精神や感情を内に秘めて、外部に出したくないのは人間にとっていわば当たり前のことであり、これが守られないとなると倫理的問題が大きいというのも自明の理であろう。そのため、ニューラルデコーデ

ィング技術が進歩してマインドリーディングが実現する前に、十分な倫理的検討と対策を行う必要が生じてくる。狭義のBMIは脳信号を計測して、読み取り結果にもとづいて外部機器を制御するだけなので、脳刺激療法等に比較して脳への影響の問題は少ないと思われる。しかしその長期的影響は明らかでなく、長期間の利用により予期せぬ脳機能変容の可能性がある。Denningらは、神経デバイスにより脳情報が流出する危険性を指摘し、Neurosecurityという言葉を定義して、脳情報流出に対する機器のセキュリティの重要性を訴えている[24]。

染谷らは脳情報が果たして究極のプライバシーかどうかという問題に関して検討している。彼らによれば、心のプライバシーの内実も、心もしくは脳が備えている本質的に例外的な特質によってではなく、脳情報を利用しようとする社会的・経済的な運動によって与えられているという。例えば、マインドリーディング技術から得られる情報を、医療目的の他に、企業の広告宣伝活動、雇用や保険の契約判断、犯罪捜査上の手がかりといった目的のために利用する社会の側からの要請が、脳情報を特別な価値を持つものとして脚色し、プライバシー性を高める。究極にしているのは心や脳そのものではなく、脳研究の結果を利用しようとする社会である。そして、こうした脳情報に関する誤用や乱用を避けるためには、暫定的処置として利用範囲や利用目的を規制する法的保護と、実質的な処置として脳神経科学に対する大衆の理解向上に努めることが重要であると述べている[2]。エンハンスメントや軍事応用には具体的な言及はしていないが、染谷らの主張はこれらの社会的要請にもあてはめることができよう。

BMIに関連する医療技術として深部脳刺激療法（Deep Brain Stimulation: DBS）という治療法がある。これは基底核と呼ばれる大脳の深部構造に電極を刺入し、電気刺激するとパーキンソン病などの難治性の不随意運動疾患が劇的に緩和されることから、近年本邦でも着実に普及している治療法である。このDBSは、欧米では精神疾患の外科治療を目指して、近年、臨床研究が盛んに行われている。しかし、1930〜1950年代に盛んに行われた、ロボトミーをはじめとする精神疾患の外科的治療の弊害が明らかになり、日本精神神

経学会が1975年に精神外科を否定する決議を採択するなど、精神疾患に対する外科的治療に対して否定的見解が強い。

臨床研究に対して、現状の医学水準のみを考慮して画一的に判断したり、印象や感情的な要素に流されて危険性を過大評価することも、医学の進歩を妨げ、より良い医療を将来提供する機会を奪うことにつながりかねない。特に、本邦の国民感情や報道の特殊性に関しては留意する必要がある。例えば、精神操作は薬物治療ではすでにいろいろな治療が行われているとも言え、その中には少なからぬ副作用を示すものがあるのも事実であるが、外科治療となればそれだけで批判的評価を多くの人が下すのではないかと危惧する意見もある[25]。報道に関しては、海外での研究的治療はあたかも標準的治療であるかのように報道する風潮があることが指摘されている[25]。また、本邦では外科的治療に際して家族の意見も考慮される傾向が強いとの指摘もある[26]。こうした我が国の事情を踏まえて、欧米を中心とした新しい精神外科治療の臨床試験の状況を高木らを中心としたグループが調査した。その結果を踏まえて、高木らは「脳神経疾患に限らず、臨床研究の審査にあたっては、有効性と安全性・倫理性を正しく評価して比較検討する必要があるが、そもそも定量比較が困難なものも多く、絶対的正解のない作業であることを覚悟の上で、各種委員会はある一線を引かなくてはならない」と提言している[26]。

脳神経倫理への個別対応と包括的対応

前述したように、現時点では脳神経倫理に関する公的な指針や法的規制は定められていないが、BMIの医療応用に対する患者の期待は大きく、一般の人々に関しても医療応用に対しては肯定的意見が多数を占める。筆者らは全国のALS患者約2000名を対象にしてBMIに関するアンケート調査を実施したところ、約8割の患者がBMIに関心を示した。また福山らはインターネット上で2500名の一般の人々にアンケート調査を行ったところ、BMIの医療応用には約8割の人が賛成した。こうしたことから、大まかな方針としては、倫理的な問題点に十分な検討と対策を行った上で、医療応用の実用化を図るのが最も妥当な選択と思われる。筆者らは臨床研究者として、こうした方針

にもとづいて倫理的問題に対応しながら、基礎的な研究開発から臨床研究を行って、BMI の医療応用を目指している[6]。

筆者らが参加している文部科学省脳科学研究戦略推進プログラムでは、倫理相談窓口を設置してプロジェクト内の倫理的課題に対して対応している。実際、個々の BMI の臨床研究の倫理審査においては、神経倫理の専門家がいまだ少ないため、施設内倫理委員会だけでは神経倫理学的な事項に関して必ずしも十分な審査体制にあるとは限らない。そこで倫理相談窓口を活用して、あらかじめ神経倫理学的問題点に対して対応をしておくことが重要である。

筆者らは平成 23 年 9 月までに BMI 関係で 9 件の倫理審査を病院倫理審査委員会に申請しているが、プロジェクト内に倫理相談窓口が設置された後に申請した 6 件のうち 5 件を倫理相談窓口に事前に提出し、神経倫理学的な課題の抽出や対策を行っている。その内訳は、患者アンケート調査 3 件、P300 スペラーによる BMI、重症 ALS 患者を対象とした BMI 臨床研究である。

個々の BMI の臨床研究に対する個別的な倫理対応に加えて、より包括的な倫理への対応も行われている。BMI の医療応用を早期に実現するために、筆者らは厚生労働省が行う次世代医療機器評価指標作成事業に参加し、BMI のガイドラインを作成した。その中で、臨床試験の安全性の評価に関して、脳の可塑性にもとづく予期せぬ脳活動の変調、およびそれに伴う副作用の有無、個人の脳活動が外部に出力されることに起因する個人情報への影響や不利益などの神経倫理学的な問題の評価を行うよう記載している[27]。

学会活動に関しては、日本神経科学会の学術大会である日本神経科学大会では 2009 年以降、毎年神経倫理のセッションがシンポジウムとして開催されており、重要課題として認識されている。また、日本定位機能神経外科学会では 2010 年の大阪大学主催の大会にて「ニューロモデュレーションと神経倫理」というテーマで神経倫理のシンポジウムを企画し、東京大学情報学環の佐倉統教授が、「先端医療と一般社会―2 つの文化の隙間を、新しい技術が進む―」というタイトルで発表を行ったほか、DBS による精神疾患治療に関する倫理的問題、埋込 BMI 装置に関する問題などが議論された。

筆者とともに文部科学省脳科学研究戦略推進プログラムにおいて BMI の研

究開発に取り組む川人（研究代表者）や佐倉（脳神経倫理担当）らは、BMIに関する重要な倫理として、以下に挙げるBMI倫理4原則を提案している[28]。

　原則1：戦争や犯罪にBMIを利用してはならない。
　原則2：何人も本人の意思に反してBMI技術で心を読まれてはならない。
　原則3：何人も本人の意思に反してBMI技術で心を制御されてはならない。
　原則4：BMI技術は、その効用が危険とコストを上回り、それを使用者が確認するときのみ利用されるべきである。

　これは1950年にアイザックアシモフが自身の著書『われはロボット』のなかで、提案したロボット工学3原則[29]を参考にして考案したもので、BMIに要求される倫理を簡潔に示したものと言える。今後はこれを踏まえた脳神経倫理指針の策定が望まれるところである。

　脳神経疾患に限らず、臨床研究の審査にあたっては、有効性と安全性・倫理性を正しく評価して比較検討する必要があるが、そもそも定量比較が困難なものも多く、絶対的正解のない作業であることを覚悟の上で、各種委員会はある一線を引かなくてはならない、とDBSを用いた精神疾患治療に関する倫理的考察のなかで高木らは述べている[26]。これはBMIにもそのまま適用できる。こうした作業を経て、有効性、安全性、倫理性をその時点でできうる最高のレベルまで高める検討と対策を事前に行ったうえで、臨床研究を遅滞なく進め、最終的にはより良い医療を提供する姿勢が臨床研究者にとって

(参考)
ロボット工学3原則
　第1条：ロボットは人間に危害を加えてはならない。また、その危機を看過することによって、人間に危害を与えてはならない。
　第2条：ロボットは人間に与えられた命令に服従しなければならない。ただし与えられた命令が第一条に反する場合は、この限りではない。
　第3条：ロボットは前掲第一条および第二条に反するおそれのないかぎり、自己を守らねばならない。

は肝要と言えよう。

謝辞

　筆者らは文部科学省の脳科学研究戦略推進プログラムの研究助成を受けており、課題の代表研究者ATR脳情報研究所の川人光男先生、機関代表研究者の大阪大学脳神経外科の吉峰俊樹先生に感謝致します。本稿の執筆にあたっては同プログラムの東京大学情報学環の佐倉統先生、水島希先生には貴重なご助言を頂きました。ここに深謝いたします。

〔引用文献〕

(1) 平田雅之，吉峰俊樹．Brain-Machine Interface. Clinical Neuroscience. 2011；29(6)：384-7.
(2) 染谷昌義，小口峰樹．「究極のプライバシー」が脅かされる!?　In：信原幸弘，原塑，editors. 脳神経倫理学の展望．勁草書房，2008．
(3) ジェームズ D. モレノ．操作される脳．アスキーメディアワークス，2008．
(4) 上田昌文，渡部麻衣子．エンハンスメント論争　身体・精神の増強と先端科学技術．社会評論社，2008．
(5) 美馬達哉．脳科学が社会に及ぼす影響．Brain and Nerve. 2009；61(1)：18-26.
(6) 平田雅之，吉峰俊樹．脳神経外科におけるBMIの展望．脳神経外科速報．2011；21(8)：880-9.
(7) 香川知晶．「応用倫理学」とモンスターの哲学．In：信原幸弘，塑原，editors. 脳神経倫理学の展望．勁草書房，2008. p.15-38.
(8) 福士珠美，佐倉統．日本の脳神経科学研究における倫理―現状と将来展望．Brain and Nerve. 2009；61(1)：5-10.
(9) マイクル S. ガザニカ．脳のなかの倫理．紀伊國屋書店，2006．
(10) 世界医師会，日本医師会訳．ヘルシンキ宣言　ヒトを対象とした臨床研究における倫理．Available from: http://www.med.or.jp/wma/helsinki08_j.html.
(11) 厚生労働省．臨床研究に関する倫理指針（平成20年厚生労働省告示第415号）．Available from: http://www.mhlw.go.jp/general/seido/kousei/i-kenkyu/#4.
(12) 文部科学省，厚生労働省．疫学研究に関する倫理指針（平成20年12月1日一部改正）．Available from: http://www.mhlw.go.jp/general/seido/kousei/i-kenkyu/ekigaku/0504sisin.html.
(13) 文部科学省，厚生労働省，経済産業省．ヒトゲノム・遺伝子解析研究に関する倫理指針（平成20年12月1日一部改正）．Available from: http://www.mhlw.go.jp/general/seido/kousei/i-kenkyu/genome/0504sisin.html.

(14) 文部科学省,厚生労働省.遺伝子治療臨床研究に関する指針（平成20年12月1日一部改正）.Available from: http://www.mhlw.go.jp/general/seido/kousei/i-kenkyu/idenshi/0504sisin.html.
(15) 厚生労働省,ヒト幹細胞を用いる臨床研究に関する指針（平成22年厚生労働省告示第380号）.Available from: http://www.mhlw.go.jp/bunya/kenkou/iryousaisei.html.
(16) 大阪大学.大阪大学研究倫理審査委員会規程.Available from: http://www.osaka-u.ac.jp/ja/research/iinkai/moral.
(17) 大阪大学医学部.大阪大学医学部医学倫理委員会規程.Available from: http://www.med.osaka-u.ac.jp/jpn/guide/committee/igaku_rinri.html.
(18) 大阪大学医学部附属病院.大阪大学医学部附属病院臨床研究倫理審査委員会規則.Available from: http://www.med.osaka-u.ac.jp/pub/hp-crc/person_concerned/clinical_study.html.
(19) 香川知晶.脳神経倫理と生命倫理—生命倫理のバルカン化論争と応用倫理の収斂.Brain and Nerve. 2009；61(1)：11-7.
(20) Yanagisawa T, Hirata M, Saitoh Y, Kato A, Shibuya D, Kamitani Y, et al. Neural decoding using gyral and intrasulcal electrocorticograms. Neuroimage. 2009 May 1；45(4)：1099-106.
(21) Yanagisawa T, Hirata M, Saitoh Y, Kishima H, Matsushita K, Goto T, et al. Electrocorticographic control of a prosthetic arm in paralyzed patients. Ann Neurol. in press.
(22) Yanagisawa T, Hirata M, Saitoh Y, Goto T, Kishima H, Fukuma R, et al. Real-time control of a prosthetic hand using human electrocorticography signals. J Neurosurg. 2011 Jun；114(6)：1715-22.
(23) Miyawaki Y, Uchida H, Yamashita O, Sato MA, Morito Y, Tanabe HC, et al. Visual image reconstruction from human brain activity using a combination of multiscale local image decoders. Neuron. 2008 Dec 10；60(5)：915-29.
(24) Denning T, Matsuoka Y, Kohno T. Neurosecurity：security and privacy for neural devices. Neurosurg Focus. 2009 Jul；27(1)：E7.
(25) 片山容一,深谷親.脳深部刺激療法をめぐる脳神経倫理.Brain and Nerve. 2009；61(1)：33-40.
(26) 高木美也子.脳深部刺激療法の精神疾患への適用に対する安全性と神経倫理的考察.Brain and Nerve. 2009；61(1)：33-40.
(27) 厚生労働省医薬食品局・医療機器審査管理室.次世代医療機器評価指標の公表について（平成22年12月15日薬食機発1215第1号）.2010；Available from: http://www.hourei.mhlw.go.jp/hourei/new/tsuchi/new.html.
(28) 川人光男,佐倉統.ブレイン・マシン・インターフェース BMI倫理4原則の提案.現代化学. 2010；471(6)：21-5.
(29) アイザックアシモフ.われはロボット.早川書房,1963.

5　生命、アニミズム、魂への態度

丸田　健

1　はじめに

　今からもう10年以上前、1996年にクローン羊「ドリー」誕生のニュースが世界を駆け巡った。ドリーは、大人の羊の体細胞から作られたクローン羊であった。このクローン技術は人間の臓器移植のためにも使用しうる、ということが当時話題になった。自分のクローンを作っておき、自分の臓器が機能不全になれば、クローンから（拒絶反応の心配のない）臓器を取り出して使えばよい、という話である。しかしそれには、クローンといえども人間であるものの身体や命を損なう必要があり、その点、倫理的に問題がある、という結論が残ったのだった。ドリー誕生から10年後、今度はマウスの細胞からiPS細胞が作られたことが、世界の耳目を集めた。iPS細胞は、体細胞に何種類かの遺伝子を入れることで作られる、どんな細胞にも分化できる人造幹細胞である。この技術をヒトに応用し、ある患者のヒトiPS細胞を、特定の臓器に分化するよう導くことが可能になれば、（クローン人間の場合のように、他の生命を損なうことなしに）拒絶反応のない移植用臓器が手に入るようになる。このようなことを視野に入れて、現在、熾烈な研究競争が進行している。いま挙げたのは、一例に過ぎない。他にも遺伝子組み換え、着床前診断、ゲノム解読、などなど、20世紀以降、生命に関する技術の発達がめまぐるしい。そのような状況を受け、現代は生命の時代である、と言われることもある。

　人間の未来を大きく左右するだろう生命技術は、生命をどのようなものとして捉えているのだろうか。生物学辞典を引くと、生命概念は次のように説

5 生命、アニミズム、魂への態度

明されている——「生命とは、生物に固有の属性のことである」(参考『岩波生物学辞典』)、と。これは、生命とは生き物に備わるものだ、ということを言っている。だがこのままでは、説明は循環に近い。というのも、逆に生き物とは何なのだろうか。生き物とはまさに、生命を備えたものではないか。そのような循環に陥らぬよう、生物学は生き物を、細胞を基本とした、自己複製や代謝作用といった物質的過程によって説明しようとする。つまり生物とは、細胞を基本単位に、自己の外部から物質を取り入れ、一連の化学反応によってエネルギーを生じさせることで自己のシステムを維持・発展させるものであり、また生殖によって自分の遺伝情報を備えた別の固体を生み出すものである、というように。生命科学が用いているのは、このような、物質的過程としての生物・生命概念である。

しかし私たちは、それとは違うかたちで生命について語ることもある。例えば、先日テレビを見ていると、絵本画家の熊田千佳慕が取り上げられていた。彼は細密な昆虫描写で名を知られている画家である。紹介によると、彼は子どもの時分、通っていた幼稚園の藤棚の花に集まるクマンバチを見て、それに触れたいという衝動に駆られたことがあった。何度もの失敗のあと、ようやくふさふさした黄色いハチの毛に触ったとき、ピッと感じるものがあったそうだ。そのとき、これが小さい命なのだと思った、虫の心に触れた気がした、という。この生命の体験が、昆虫画家としての彼の原点にある。が、彼が体験したのは、一体どういう生命なのか。ここでの「生命」は、何を表しているのか。少なくともそれが、自己維持や自己増殖に関する一連の物理化学的反応それ自体を意味するものでないことは、明らかだろう。幼い熊田は、クマンバチの背中に触れて、そこに物理化学的反応をピッと感じた、ということではない。彼が感じたという生命は、物質的な生物反応とは異なる次元の何かであるはずだ。では熊田がハチの命について語ったとき、彼は何を語ったのだろうか。似たような語りを別の人がするとき、その人は何を語っているのだろうか。

Ⅳ　生命倫理の原理論

　人間は、人間として生きている以上、自他の生命に関心を持たないではいられない。人間は古代から、熊田がクマンバチの背中に感じたのと同じようなものを、知っていただろう。そしてそのような先人の理解は、言葉の中にその跡形が残されていたりする。日本語の場合、「いのち」や「たましい」といった語に、人々の古くからの生命理解が含まれていると思われる。これらの語の成り立ちや原義について、古語辞典を参照してみたい。「いのち」については、以下のようにある。

- いのち【命】《イは息、チは勢力。したがって、「息の勢い」が原義。古代人は、生きる根源の力を眼に見えない勢いのはたらきと見たらしい。［……］》（『岩波古語辞典』）

　この箇所で「勢力」として説明されている「いのち」の「ち」には、別の場所で、「霊」にも言い及ぶ、次のような独立の説明が与えられている。

- ち【霊】原始的な霊格の一。自然物の持つはげしい力・威力をあらわす語。複合語に用いられる。「いかづち（雷）」「をろち（蛇）」［……］

　このような語源説に従うなら、「いのち」の語源を辿ると、生命とは、目には見えない霊的な勢いを備えたものだ、という古代人の理解に行き着く。
　では、その霊的なもの、霊魂については、どんな説明があるのか。「たましい」という語に当たってみよう。すると「たましい（魂）」は「たま（魂）」と同じ、とあるので、「たま」の項を見ることにする。

- たま【魂】《［……］最も古くは物の精霊を意味し、人間の生活を見守りたすける働きを持つ。いわゆる遊離霊の一種で、人間の体内からぬけ出て自由に動きまわり、他人のタマと逢うこともできる。［……］》

　この解説から読み取れるのは、生きる根源の力である「たましい」は、モ

ノにも人間にも備わっているものらしいことである。そのような「たましい」には、人格を持たないエネルギー的（マナ的）なものから、人間の場合のように人格を備えたものまで、様々なものがあるのだろう。私たちは、クマンバチの背中にピッと感じられた生命や心について考えていたのだった。それらに対しては、語源説明に窺われる、こういった古代の考え方から近づいていけばよいのだろうか。

2　アニミズム——タイラーの『原始社会』より

　クマバチのような昆虫に、命や心を感じるということは、アニミズムの領域に入り込むことだろう。「アニミズム」というカタカナ語は、既に市井の日本語にも随分と浸透している。辞書ではそれは、「あらゆる現象・事物に霊魂の存在を認める考え方」といった説明を与えられている。クマンバチにピッと感じる小さい命に限らず、岩や樹や草、海や雷といった方々に、生命的なものを感じるのがアニミズムである。
　「アニミズム」に含まれる「アニマ」というラテン語には、「息」、「なくなると死に至る性質」、「生命」ないし「魂」といった意味がある。西洋語である「アニマ」にも、上で見た日本語の「いのち」「たましい」と類似した概念のつながりが見られるのは、興味深いことである。その「アニミズム」という語を文明理解の文脈で定着させたのは、イギリスの文化人類学者 E.B. タイラーであったが、以下ではまず、タイラーがどのようにアニミズムを捉えていたかを、確認したい。そうすることで、クマンバチにピッと感じられる類の生命について語ることがどういうことなのか、理解のヒントを得たいと思う。
　古典『原始文化』[1]でタイラーはアニミズムを、「魂そして他の霊的な存在全てについての考え」（Tylor 1871, p.23）、あるいは「霊的な存在を信じること全般」（ibid., p.426）と定義している。タイラーによれば、古代の人々にとって、①生きている人にはあり、死人からはなくなってしまうものは何であるか、は重要な問いであった。生死は時代を問わず、人間の普遍的関心であ

るから、この問いが古代人の心を捉えたことは、容易に想像できる。さらにタイラーは、彼らは同時に夢の世界にも関心を寄せたのであって、②夢の中で出会う人はいったい何者であるか、ということにも考えを巡らせたのだ、とする。双方の問いに対し、古代の哲学者は「霊魂」という答えを考え付いた、とタイラーは言う。死んだ人からは霊魂が去り、夢の中には霊魂が訪れるのである。タイラーはこの「霊魂」を、次のように定義できるものとしている。

　それは薄くて実体のない人形(ひとがた)をしており、蒸気や膜や影のような性質である。それは、それが賦活する個体における生命や思考の原因である。それは、それと繋がっている、あるいは繋がっていた、身体からは独立した人格的意識や意思を持ち、身体から抜け出てあちこちへ素早く動き回る。たいていは触ることも見ることもできないが、にもかかわらず物質的な力も発揮する。そしてとりわけ身体の死後、その似姿である身体から離れて、目覚めている人や寝ている人の前に、幻影として現れる。身体の死後も存在し続け、人前に現れる。他人、動物、あるいは事物に入り込み、それに乗り移り、そこで活動もできる（ibid., p.429（cf. p.501））。

以上がタイラーによる霊の説明だが、霊が身体を離れうるとする点など、先ほど見た日本語の古語辞典にもある「たま」の説明に通じるところがある。タイラーの説明では、それがより明晰に、分析的、理論的に表されているのであり、霊は、近代的な心身二元論を思わせる色彩を与えられている。彼は、このような霊魂観念を、「古代の未開の哲学者」による合理的思考に帰している。タイラーの説明するアニミズムの特徴として、このようなことを踏まえつつ、ひとまず以下のことを、記録しておこう。

（a）アニミズムにおいて、魂は、身体を賦活する、身体とは異なる存在物である。

5 生命、アニミズム、魂への態度

　身体を離れて浮遊できるような、このような霊魂が、人間だけでなく自然の至る所に宿っていると信じること――「あらゆる自然に生気があるという信仰」(the belief in the animation of all nature（ibid., p.285））――が、典型的アニミズムである。アニミズムは霊魂の存在を信じるものであり、その霊魂が宿りうる領域は、動物や植物、さらには「木石、武器、ボート、食料、衣服、装飾品、そしてその他、わたしたちにとっては魂がないだけでなく、生命もないもの」(ibid., p.477) にも、広がっているのである[2]。アニミズム的思考は、人間に本能的に備わる何らかの心理傾向と無関係でないはずだが、タイラーはこれをこう言い表している。アニミズムは、「人間が世界のあらゆる細部に人格的な生命や意図を認める、あの原始的な心的状態」(ibid., p.285) と結合して生じるのだ、と。この引用箇所では、「人格的」および「原始的」という語が使われている。これらの表現にはそれぞれ、アニミズムについてのタイラーの主張が含まれていると思うのだが、それらを以下で順に確認していきたい。

(b) アニミズムは、自然の人格化・擬人化である。

　タイラーは随所で、アニミズムは自然の擬人化（personification）であることを示唆している。アニミズムにおいては、元来人に用いられる説明原理が、人以外にも拡張される、というのである。たとえば「魂」について、彼はこう書いている。「魂の最初の概念は人間の魂の概念で、それが類比によって動物・植物その他へ広がった、かもしれないと思われるのだから [……]」(ibid., vol.2, p.17) 云々。タイラーは、古代社会の人々が行っただろうと彼が言うところの擬人化を、子供の振る舞いと結び付けることでも説明している。「存在するものの中で、子供たちが最初に理解し始めるのは、人間、特に彼ら自身である。どんな出来事であれ、その最初の説明は、人間本意の説明（the human explanation）になるだろう。まるで椅子や棒切れや木馬にも、乳母や子供や子猫と同じ人格的意思があるかのように」(ibid., p.285)。しかし擬人化を行うのは、古代人や子供に限らない。タイラーは、文明社会の知的成

199

人であっても、モノを擬人化することがある、ということに触れている。確かに、例えば自分の怪我の原因となった物体を、思わず叩きつけるような人がいる。そのとき彼は、まるでそれが、自身の意図で彼に怪我を負わせたかのように、仕返しをするのである。そのような八つ当たりは、一種の「退行」に見えないでもない。このように、時に私たち現代人も先祖帰り、子供帰りをすることがあるものの、私たちと古代人の違いは、原初の人々はこのような擬人化を、「日と星、木と川、風と雷」など、自然に対して広く、常々に行った点にある――というわけである。

擬人化と並び、「原始的」という語も見逃せない。この語には、次のようなタイラー的なアニミズム理解が含まれている。

(c) アニミズムは、低級文化の誤謬である。

タイラーには、近代西洋を頂点に、諸文化を進化論的に序列化する考えがあった。19世紀後半のイギリスは、ダーウィンやスペンサーの進化論が人文諸科学にも強い影響を与えた時期であるから、1871年出版の『原始文化』にも、文化に関する進化論的思想が色濃い。タイラーは、文明・文化は低級な未開社会から高級な文明社会へと向上するのだとし、文明が「前を向いて前進しようとするとき、それは真に人間的なのだ」(ibid., p.69)と述べる。他方アニミズムは人間の原初の状態に発生する考えなので、それは「人間の等級中、もっとも低級な種族の特徴」(ibid., p.426)ということになる。以下の幾つかの引用は、このような認識のもとで書かれたものである：

　人間と獣の間に絶対的な心理的区別があるという感覚は、文明世界にはあまねくあるが、低級種族ではほとんど見られない。鳥獣の鳴き声が人の言葉のように聞こえ、その行動は人間のような思惑に導かれているかに思う人々は当然、人と同じように、獣、鳥、蛇にも魂があると思う。低級心理は、人間の魂に属する諸特徴、つまり生命と死、意志や判断、幻や夢に現れる姿、といった現象を、獣にも認めないではいられない (ibid., p.469)。

未開人は、人に語りかける（生きている人であれ死んでいる人であれ）ように動物にも（生きている動物であれ死んでいる動物であれ）真面目に語りかけ、動物たちに敬意を表し、動物を辛くも狩り殺さねばならないときは、彼らの赦しを乞う（ibid., p.467）。

こういった観察が見つかるが、要するにタイラーにとってアニミズムは、誤った認識なのである。

教育の過程で、この子供じみた理論が捨てられねばならないというその有様が、それがいかに原始的であるかを示している（ibid., p.286）。

ただし、タイラーはアニミズムが誤りであると、居丈高に断ずるのではない。彼は言う。「もしわたしたちが、未開民族の知的レベルに立つ努力をして、彼らの観点からモノの霊魂の説を検討してみるなら、わたしたちはそれを非合理だとは言わないだろう」（ibid., p.477）。このように「未開民族」が置かれていた知的状況には理解を示しつつも、彼は、文明の進歩の結果、私たちが実際手にしている、より科学的で厳密な合理性の基準に照らすならば、彼らの思想は、捨て去るべき幼稚なもの、検証に耐えないもの、と言わざるを得ない、と結論するのである。結局のところは、未開民族にあるのは、低い認識であり、知性が成熟すれば「卒業」すべきもの、誤りだ、と彼はしたのである[3]。

3　アニミズム——タイラー点検

前節では、『原始文化』に見出される、アニミズムに関する三つの考えを挙げた。以下ではこれらを一つずつ点検していくことにする。絵本画家が小さな虫たちにピッと感じるような生命を、アニミズムこそが捉えることができるだろう、という期待があった。しかし結論を先に述べておくなら、タイラー自身は、アニミズムを誤謬扱いすることによって、アニミズムを、それが本

来あるであろう姿——世界が生命を湛えている状態——で提示することを仕損なっている。タイラー本人は、アニミズムの外にいる学者であるため、アニミストが見ている世界を知ることがないように思える。

　まず、「(c) アニミズムは、低級文化の誤謬である」について。「誤謬」も「低級」も誹謗表現である。「低級」の方には同時に、古代人の考えは私たち文明人（の理想）からは遠く隔たっているものだ、という心理的距離感も表わされている（ibid., p.25）。タイラーから見れば、アニミズムは、現代人に似つかわしくない思想なのである。タイラーは、現代人の文化にも、「低級」文化の諸断片が多く残っていることを指摘した（彼はそれを「残存」と呼ぶ）。しかし彼の姿勢からすれば、文明人は、文明を前進させるために、そのような残存に打ち勝たねばならない（ibid., p.69）のである。

　私たちは、アニミズムは私たちに疎遠なものか、また私たちが打ち勝たねばならないものか、をまず問うことにしたい。確かに私たちが受け入れようがない過去のアニミズム的風習はある。たとえば新造の建物が動かないよう、地霊を宥めるために人身御供を捧げる、といった、私たちが「残忍」と思う風習がそうである。しかしそのような習慣が過去に——当時の特殊な事情において——存在したという事実は、アニミズムが総体として、私たちが戦うべきもの、私たちのあるべき姿からは遠いもの、ということを意味しない。アニミズムというのは、むしろ、もっと私たちに親しいものであるまいか。

　タイラーも言うように、世界に対するアニミズム的振る舞いは、子供の発達過程にも見られる自然な反応である（cf. ピアジェ）。タイラーはまた、モノに怒りをぶちまけるといった振る舞いを、大人が見せうることにも触れた。しかし物体のそのような人格化は、一時の激情からのみ生じるものではない。たとえば欧米には、自家用車に名前を付け、相棒や恋人のようにそれに情を注ぐ人がいるが、それも一種の人格化だろう。これがたわいもない例だとすれば、人間の日々の、もっとまじめな営みの場面で見ることができる例もある。水俣病を扱った『苦海浄土』で有名な石牟礼道子は、農民や漁師の土俗的信仰が色濃く残る九州水俣の海辺近くの農村で育った昭和初期生まれの作

家であるが、彼女は土地のアニミズムを強く受け継いでいる。彼女の作品には、アニミズム的感覚の中に生きる人々の姿が、彼女自身のアニミズム的感性を通し、至る所に描写されている。彼女が幼い「みっちん」であった頃を回想した自伝的作品『椿の海の記』の中から、そのような場面を幾つか拾い上げて見たいと思う(4)。

里芋畑の土を打ちほぐしながら、母が畝をやり直している作業の場面で、母からこんな言葉が流れ出す。

「あら、里芋の子の覗いとる。ほら、畝の泥の奥から覗いとる。小おんまか、みじょか子の覗いとるぞ [……] 十五夜さんの来らすとば待っとっとばい。小おんまか、みじょか子じゃねえ。そら、早う太うなれ、そら早う太うなれ」(石牟礼 1976、250 頁)

里芋とも言葉を交わしながらみっちんの母は、ほぐした土を丁寧にかぶせていくのである。また、蓮の開花を見に行く夜明け前の田圃の畦道で、祖母とみっちんは、あたりに潜んでいるかもしれない蛇に挨拶をする。

「くちなわ殿のおらい申すかもしれんけん、杖の先で、ことわけいうて行かんば」
「あい……。
いまから蓮の花ば拝みにゆき申すけん、ここば、通らせてくださりまっせ」
(同書、298 頁)

隣の「柿山」の婆さまは、岩も年を取ることを、みっちんに教えてくれる。

「岩というもんな、永生きぞねえ [……] ここの岩もたいがいにはもう年寄りぞ。何千年ども経った歳かねえ。ほら、撫でて見なはり。ちりめん皺じゃ。白苔の生えとるぞ。この婆さんより、うんとうんと年寄りぞ」(同書、218 頁)

Ⅳ　生命倫理の原理論

　野菜や動物や岩だけでなく、人造物も生命を漂わせている。岬の突端近くにずっと座っている廃船の大きな竜骨を前に父娘が会話をする。

「ひとりで徒然なかかなあ、こん船」
と娘はいう。
「うーん、ひとりじゃが」
そういって彼は煙管をとり出す。
「徒然なかかもしれんばってん、びなは這うてくるし、蟹(がね)は這うてくるし、星さまは毎晩流れ申さるし」
竜骨にくっついているヒトデをぽいと煙管の雁首ではねおとす。
「潮の来れば、さぶーん、さぶーんちゅうて、波と遊んでおればよかばってん、にんげんの辛苦ちゅうもんは［……］こういう船のごつ、いさぎようはなか」（同書、45,6頁）

　そしてこのようなアニミズム的世界の片隅で、祖母の「おもかさま」と孫娘は、稲の花穂を通り過ぎ、蓮田の前で蓮の開花を待つ。

［……］おもかさまがささやいた。
「蓮の蕾のひらくばえ」
風がやんだ。
名残の風にゆらめいている茎のかげに、なかばは隠れて合掌したような花弁のさきの、あるかなきかの紅(くれない)が、みじろぐようにはらりとひらきかけた。まだ暁闇の中である。わたしはおもかさまに寄りそっていた。
「もうじき、七夕さまじゃあ」
稲の花穂の香りのうずきのようなものが、わたしの胸にもひろがってゆく。（同書、299,300頁）

　彼女らの世界では、この薄暗がりの静かな一瞬でさえ、生気に満ち満ちている。蓮の生命の微かなうごめきに、それを見守る風が交じり、祭り前の華

やいだ気持ちが交じり、稲の花のむんむんした香りが交じりして、世界の隅々にまで血が通っているようである。だがこの体験は、彼女らにしか分からないものではないと思う。私たちもまた、このようなアニミズムの世界へつながる手掛かりを、小さなものであれ、それぞれの自分史の中に持っていることだろう。そしてその手掛かりを手繰って「みっちん」の世界に辿り着くことさえすれば、そこに満ちている生命をまざまざと感覚し、世界がいかに濃密でありうるかにきっと息を呑むだろう。そして同時に野菜や蛇や岩や廃船の生命に照らされて、私たちは自分の生命を自覚することにもなろう。そうすることができるなら、アニミズムというものは私たちに疎遠なものである、戦うべきものである、と言う気は萎えてくる。

　(c) に戻って、アニミズムは、誤った認識なのだろうか。それはたしかに認識に関わるものではある。つまりそれは里芋を「みじょか子」と捉え、里芋に「太うなれ」と声掛けせしめる認識である。しかしこの認識は「誤り」なのだろうか。あるいは逆に、それが「正しい」こともありえるのだろうか。少なくとも言えることは、それはたとえば自然科学とは違う認識である、ということである。私たちが、それに感じうる親しみを手掛かりに、その認識の中に招かれること、そしてそこで何が見えるかを見てみること、そういった試みを選ぶほうが有益そうである。

　次に「(b) アニミズムは、自然の擬人化である」について触れたい。タイラーは、原初の人間は、自分たちをモデルに世界を理解していた、と考えたのだった。タイラーは、それは子供と同じであると考えた。タイラーによれば、子供が最初に理解するのは人間——特に子供ら自身——であり、その自分理解を基に他を理解するのだ、と考えたのだった[5]。こういったことからタイラーは、アニミズムを自然の擬人化だと言うのだった。そして私たちが自然をしばしば擬人化することは、やはり否定できることではない。だから例えば、石牟礼道子が育った村落の人々の間でも、山の狐や狸や猿や兎、また海の魚や蛸などの動物は、「山のあんひとたち」「海のあんひとたち」と、「ひと」呼ばわりされるのである。

　けれども擬人化は、アニミズムを捉えるに十分な特徴と言えるのだろうか。

Ⅳ　生命倫理の原理論

　つまり人間の原初的精神――つまりアニミズム的精神――の世界理解は、擬人化のような人間ベースの理解―― the human explanation ――だ、と言ってしまってよいのだろうか。というのも人間は、（現在のような科学技術を持たない）原初の時代、自然と隣り合わせで、自然と交わるにも、自然から得た道具を自分の手足の延長として用いて生活していたし、そうするほかはなかった。そのような、人間の存在が自然と、切れ目なしに渾然であったような生の状況で、タイラーが示唆するように、①まず最初に人間の説明が存在し、②次いで、その人間の説明を人間以外へ拡張することで世界を理解する、というのは、どこか奇妙ではあるまいか。そのような説明は、人間と自然の分離を経験してしまった近代文化によるアニミズム説明であって、それゆえに人間と自然の分離を経験していない原初の人々からは本質的に乖離しているものではないのだろうか。

　石牟礼道子に見られるアニミズムは、生きものたちを「あのひとたち」と擬人化するだけのものではない。彼女は自分が老いてからの、ある心境を（おそらく自虐的ユーモアを含ませながら）こんなふうに書いている。

［……］今まで、自分のことを人間とばかり思っていましたけれど、なりそこないに気づいてどっと疲れ、やめたやめたと倒れこんでしまいました。ではわたしは今、何のつもりでいるのでしょうか。
　海に近い森の下蔭の大地の一部だという気がしています。大地といってももとは、椎の木ややまももの朽葉や、萩のしだれ茎だったと思います。何万年だかの間に土になって、日に日にお陽さまの光や雨を吸い、幸いめったに雪も降らないことですので、夜も自ら発酵する地熱でそんなに寒くもありません。背中のあたりがくすぐったいのは、みみずが出産でもしているのでしょうか。
　海に近い磯辺の樹の多いところだということは実感できます。なぜなら、わたしのふところからときどき風の花というのか、芒の穂をはじめあらゆる草の穂が、海の上にむかって漂い出ては、淡く光るのが眺められるからです[6]。

5 生命、アニミズム、魂への態度

　自然のイメージが交錯し幾層にも交じり合い、それが自らと渾然となっている自分のこの感覚を、石牟礼は「存在の感覚」と呼ぶ。この感覚は、自然を擬人化するものというよりは、むしろその逆である。彼女のアニミズム的感覚はこのように、自分を自然化する方向にも働いているのである（そしてもちろん、ここで言う「自然化」は、「すべての人間的事象は自然科学（とりわけ物理学や神経生理学）に還元できる」という現代の哲学的主張が掲げる「自然化」ではない。そのような「自然」は、近代以降の自然である）。

　かつて、人間と自然の境界が判然としていなかったとすれば、人々は、自然を擬人化することもあれば、それと同じくらい、人間を自然化して捉えたのではなかったろうか。例えば「むすこ」「むすめ」という語は、「（苔などが）むす」という語に由来するという説がある。だとすれば「むす・こ」「むす・め」においては、自然の擬人化どころか、逆に人間が生気立ちのぼる自然に喩えられているのでないか。また「荒々しい男」「和やかな人柄」といった表現においても、人間の自然化がある。つまり人の性質の方が、荒々しい海や和いだ海に喩えられることで、概念として生命を得たのでないか。また例えば、人を、青く固い未熟な果実に喩えて「青二才」などと言うのも、同じでないか。このように自然の人間化と、人間の自然化は、双方向・表裏一体のものとして、アニミズムの中にあったのではあるまいか。
　そのような事例は、文学の中にも多く見つかるだろう。例えば『方丈記』の冒頭はこうであった。「行く川のながれは絶えずして、しかも本の水にあらず。よどみに浮ぶうたかたは、かつ消えかつ結びて久しくとゞまることなし。世の中にある人とすみかと、またかくの如し」。ここでは人間の生命の流転・連鎖が、絶えることのない川やあぶくに喩えられている。アニミズムの中に人間の自然化が含まれているとすれば、このような無常観的で広々とした、人間の自己の存在理解も、アニミズムの文脈で考えうる、ということになる。
　人格化ということについて考えた。自然の人格化は、その一方向のみを強調するならアニミズムを歪めるように思える。それよりアニミズムで重要なのはむしろ、そこでは人間と自然の間に本質的区別がない、ということでな

いか。おそらく、両者は本質的区別がないまま、ともに生命的であった。その区別のなさが、あるときは自然の人間化という形で表現され、あるときには人間の自然化という形で表現されるのであり、それらが全体として、縦横に魂が行き交うアニミズムという文化を成すのではないだろうか。タイラーのように、自然の擬人化という一方向でのみアニミズムを理解するだけでは（とりわけその理解が、自然と人間の本質的相違を先行的に内蔵する場合は）、アニミズムの中に実際生きていた人々の生命感を、正しく捉えられないのでないかと思われる。

最後に「（a）アニミズムにおいて、魂は、身体を賦活する、身体とは異なる存在物である」について考えたい。魂が身体から離れることがある、という考えは、アニミズム的諸文化全般に普通に見られようが、タイラーはこの傾向に対し、デカルト的二元論を思わせる、整った表現を与えている。つまり、霊とは、身体とは独立に存在する掴みがたい何かであり、身体と結合した際には、それは、身体に影響を及ぼし、その生命の原因となるものである。そしてタイラーは、このような霊魂観は古代の哲学者による、かなり整合的で合理的な思考の産物である、と考えた。

しかしアニミズムにおける魂の遊離の可能性を、二元論的な理論にまで昇華することには、不都合があるように思われる。理論にまで高めることは、ものの見方を純化し、固定化することである。そのような固定化は、アニミズムにおける魂に関する考えを、一面的なものに狭めてしまわないだろうか。アニミズムにおいて魂は、二元論的なものとしてしか存在し得ないのだろうか。

例えば、アニミズムに関する著作を多く持つ文化人類学者の岩田慶治は、次のような経験を書いている。そこには、魂と身体の相互独立でなく、魂即身体という霊魂観が見られるのである。

　［……］宮古島を訪れたさいに、わたしは伊良部島の漁師のひとの話を聞くことができた。「漁師ともなれば沖に漁にでているときに、暴風にあうこ

ともあるでしょう。そういうときにはいったいどうしますか」と質問すると、かれはこう答えてくれた。「伊良部では魂をタマスというけれども、タマスをきれいに磨いて、その鏡にカミの姿がよく映るようにする。カミに正しく向きあう。カミというのはティダガナスという名だけれど、このカミに祈るだけで他に何もしない」と。

　かれによると、ティダガナスは天のカミで、同時に太陽、月、星のカミだという。だからカミに正対するというのは、これらの天体に正しくおのれを向けるということ、また、タマスといっても魂が特別の場所にあるわけではなくて、「全身がタマスだ」ということであった。[……]「全身これ全心なり」とかれは答えたのであった[7]（強調は引用者）。

　天の神や太陽神などがまだ息づく文化に生活していた、この沖縄 宮古島の漁師は、生きてカミに向き合うそのとき、人間の身体と魂は異なるものではない、それらは一体のものである、と言うのである。身体がすなわち魂なのだとすれば、この場面には、二元論とは異なる、魂についての見方がある。

　もう少し、人間の魂について考えることにする。人間の身体には魂がある、と私たちは考えている。だがこのことを私たちは、いかに考えているのだろうか。つまり、人間の身体というのは、ほとんどが水分、次にタンパク質や脂質、他にミネラルや糖質、といった成分から成っている。これらの成分を構成する元素としては、酸素、炭素、水素、窒素、硫黄などがあり、これらは水分、タンパク質、糖質を作っており、またカルシウム、マグネシウム、リンなどは骨格を作り、さらにナトリウム、カリウム、塩素などが、細胞内外の体液中に溶けており、他に鉄、マンガン、銅、ヨウ素、……といった構成元素もある。人間は、これらの物質的元素の塊なのである。だが人間に心があると言うとき、私たちの多くは、このような物質塊に加えられる、非物質的ないしエーテル的な存在物であるところの魂が別途ある、と考えているわけではないだろう。日常、私たちは自分の中に、また友人家族同僚とのやり取りの中に、身体と魂のそのような切れ目を感じない。その意味で私たちも、宮古島の漁師と一緒に「全身がタマスだ」と言いたくなるのではないか。

これに関し、「魂に対する態度」という考えにも目を向けたい。「魂に対する態度」というのは、哲学者L. ヴィトゲンシュタインが用いたフレーズである[8]。このフレーズに込められた考えは、次のように説明できる。すなわち、たとえば友人の身体の中に、何か薄くて掴みがたい存在物である魂を前もって発見しているから、彼には心がある、と私たちは言うのでない。そうでなく私たちは、そのような発見をするまでもなく、すでに「彼には心がある」と思いつつ、彼に向き合っているのであり、逆に、<u>彼に心があるということは、まさにそのような態度が成り立っているということ</u>に他ならない。この考え方は、魂を、身体とは別の特殊な存在物として考えるのでなく、態度の問題として、またその態度に自ずと伴う諸々の関係の問題として考えるのである。魂に対する態度が向けられることでこそ、相手の身体が心性を帯びる。その意味で、身体がそのまま魂となるのである。
　心があるものへの態度と、心がないもの——単なるモノ、単なる物質的質料——への態度[9]は、違う。その違いは、どういうものだろう。「モノに対する態度」というのは、典型的には次のような態度である。つまり対象に対する配慮や気遣い、相手の<u>立場</u>に立つということ、が不要であるような態度である。「モノに対する態度」では、対象に対する関わり方が無感情でも、傍観的、観察的であっても構わない。対象に対し一方的に関心を抱いたり、捨てたり、対象を一方的に利用、消費したりしても咎めはない。他方、「心あるものへの態度」「魂への態度」においては、相手に対する配慮があり、相手に対する関わり方は、単なる観察的・知的なものでなく、関わる側の身も心も伴うもの、行動も感情も伴うもの、全人的なもの、であることが要求される。たとえば卑近な例で、膝を押さえて「痛い」と訴える人に「魂への態度」をとるとは、どういうことか。それは、相手の痛みに同情を感じて、相手を慰めたり、その部位をさすったりすることであったり、あるいは相手に痛みの我慢を促すことであったり、あるいは相手の痛みを疑ったりもすることである。「魂への態度」の考えは、「このようなやりとりが成り立つ中に、心というものがあると言う」、と言うのである。これはヴィトゲンシュタイン流に言うなら、単なるモノ相手とは違う言語ゲームをする、ということである。

5 生命、アニミズム、魂への態度

　アニミズムにおける霊も、同じ方向で理解できる。つまりアニミズムというのは、人間以外の、動物や植物などの自然に対しても――「モノへの態度」とは異なる――「魂への態度」をとることである、と。岩田慶治は、先の宮古島の漁師の「タマスは身体全体である」という考えを引き合いにしながら、下記のように書いている。

　　［……］アニミズムの霊は、一般にイメージされているようにケシ粒のような微粒子であって、それが自然の生きもの、無生物のどこかにひそんでいる。そう考えるべきではない。そうではなくて〈もの〉が、〈生きもの〉がその姿のままで、その生きた形の全体がすなわち霊である[10]（強調は引用者）。

　人間以外の「もの」や「生きもの」がその姿のままで、その全体として霊だ、というこの考えは、人間の場合と同様、魂を――非物質的何かと考えるのでなく――相手に対する関係の問題と見なす、「魂への態度」という視点で、理解してゆけばよいのである。

　このように、人間であれ動植物であれ、人がそれとの間に結ぶ関係の中で「全身が全心」であるような魂が生まれるのなら、その霊魂は二元論的霊魂ではない。心身が相即不離で分かちがたいものであるという、この見方には、日常の直感に合致する素朴な力強さがあるために、タイラー的つまり二元論的アニミズムの説明には、素直には頷けないのである。

　もちろん先にも述べたように、多くの伝統が、身体が滅んだ後にも魂が残る、と信じることをしてきたことも事実である。であれば、これについてはどう考えればよいのか。この信仰にも、同様の素朴な力強さがある。たとえば日本の場合、人が亡くなれば、夜伽をして身体から分離した霊を慰め、葬儀後も四十九日の間はまだ近辺に留まっている霊を供養し、その後はあの世に行った霊を毎年盆に一定期間お迎えする、といった理解・風習が広く行き

渡っていた。この風習には、魂は身体からは独立であるという、二元論的理解が含まれているのでないか。「魂に対する態度」の観点からは、これについてはどう考えればよいのだろうか。

　こう答えることができよう。つまり霊魂というものは、いろいろな現れ方をするのだ、と。魂への態度が、目の前の人に向けられるとき、魂は、その人の身体と一体であるものとして、その姿を現す。だが魂は、身体から分離するものとして、二元論的装いで姿を現すこともある。というのも、人が死んだとき、私たちと死者との関係は、死によって急に途絶えるわけではない。人間的情緒の事実として、私たちが彼にそれまで向けていた魂への態度が、彼とのかかわりを引き続き求めることがある。ところが彼の身体は冷たく変化し、いつまで待っても、これまでのようには私たちの働きかけに応えてくれないのである。そこで人間は、身体から遊離した魂を観念するのであり、その観念を賦活する物語を作り出してきた。そのような俎上に、魂への態度が展開する余地がある。そういう物語に支えられ、人は、死んだ人の幸福を祈ったり、三途の川を渡るための六文銭を用意したり、身体を失い香りしか食べられなくなった霊に焼香したり、盆の季節には霊をもてなしたり、といった実践を生きることで、その物語を現実に転じてきたのである。このように、アニミズムの内部で、霊を二元論的に捉える場面は多々ある。したがって要は──「一元論 vs 二元論」という二元論でなく──魂の言語ゲームは多様かつ多重である、ということなのであり、それゆえ、「（a）アニミズムにおいて、魂は、身体を賦活する、身体とは異なる存在物である」のような、魂の存在論的な一面化、固定化が疑問となるのである。

4　「魂への態度」と現代

　アニミズムとは、魂に対する態度である、と述べてきた。クマンバチに虫の心をピッと感じた、という体験には、クマンバチに向けられた、魂に対する──五分（あるいは八分）程度の──態度の発現がある。私は、アニミズムないし「魂に対する態度」の考えは、今後も私たちとの関係が切れること

のない考えであると思う。このことを確認するために、以下ではこれまでの議論をいったん離れ、特に「現代」という時代とアニミズムの接点について、触れてみたい（モノに対するアニミズム、人体に対するアニミズム、自然に対するアニミズム）。それによって、私たちの意識を古代からの意識へと幾らかでもつなげ、二つを混ぜ合わせることで、私たちがいま、生命というものを考えようとする際に、ピッと感じるものにまで手が届くようにしたいと思う。

① ロボットと「魂に対する態度」

現代的設備によって作られるような人工物と、古くからのアニミズムとは、通じ合うことがあるのだろうか。

人工知能研究、認知科学、ロボット工学などの分野では、機械が心を持つことはありうるだろうか、ということが問われてきた。これに関しては、A. テューリングが1950年に、いわゆるテューリング・テストを考案している。これは、私たちが、相手の正体を知らぬまま、デジタル・コンピュータに質問をして、返ってくる回答が、人間が返すだろう回答と区別できないほどであれば、私たちは「このコンピュータは思考する」と言ってよい、というものである。この基準は、思考の有無だけでなく、心の有無の基準として捉えられることもある（つまりそのコンピュータに「思考」があると言えるなら、その機械には「心」があると言ってよい、と）。テューリング・テストは、機械の言語的回答のみを考慮することで、機械に思考や心があると判断するものであるから、そうやって捉えられる思考や心は、身体から切り離された（デカルト的）精神である。その後の人工知能研究は、身体性を考慮しない形で、計算機的な知能を実現しようとする試みであった（そこには大きく、古典的計算主義とコネクショニズムの二潮流がある）。しかし最近は、人間の心的能力は人間の身体性を様々に前提するという認識が強まり、認知科学にも影響を与えている[11]。我々の近くでは、大阪大学の石黒浩のアンドロイド研究[12]も、独特の方向から身体性に着目するものになっている。彼は、知性ないし心は主観的なものであるから、機械に人間的な心を帰属できるようになるた

めには、機械が人間と人間的に関われることが重要であるとし、身体も含めて本物の人間と見分けがつかない機械(「トータル・テューリング・テスト」をパスする機械)を目指している。その足掛かりとして、外見や動きの点で人間そっくりのアンドロイドを製作している。

　本稿の観点から見れば、テューリング・テスト、そしてトータル・テューリング・テストでは、いずれの場合も、特定の機械に対し、私たちが魂に対する態度をとれるか否かが問われている。テューリングの場合は脱身体化された言語的出力に、石黒の場合は精巧に作られたアンドロイドに。ロボットに心を持たせることを目標とする研究は、いかにすれば、あるいは果たして、またどの程度、無機的機械に向けて魂に対する態度を喚起できるかという研究であり、魂に対する態度が関わる点、それはやはり、アニミズムと関係があると言える。現代のテクノロジーとアニミズムは、たとえばこのような部分で接点をもってくる。

② 臓器移植と「魂に対する態度」

　人体についての現代的実践とアニミズムは、どう関わり合っているのだろうか。

　日本では、1997年にいわゆる「臓器移植法」が施行され、2010年には改正法が施行された。改正前は、脳死者本人に臓器提供の事前意思があり、その意思を拒む家族がないならば、脳死＝人の死、と考えられ、脳死者からの臓器摘出が可能となったが、改正後は本人の意思表示がなくとも、家族の意思のみで、脳死＝人の死とされ、臓器摘出が可能となった。わが国の脳死臓器移植体制は他の先進諸国より「遅れ」ていたが、法整備がされ現在では脳死臓器移植は進展しつつあり、改正法施行以後は件数も急増している。

　しかしこのような展開がある一方で、「脳死＝人の死」と考えることの根本的な道徳的是非については、問題は残されたままになっている。脳死状態では脳機能は停止しているが、人工呼吸器によって身体の生命活動は保持されている。つまり心臓は動き、血流があり、新陳代謝があり、身体は温かく、出産事例さえある。このような状態について、「脳死者からは高次の精神機能

5 生命、アニミズム、魂への態度

が失われているだけで、人として死んでいる」と単純に考えるべきでない、とする立場も根強くあるわけである[13]。脳死は人の死かという問題における意見の対立は結局、脳機能を欠く人に対し、「魂への態度」をとる人もいれば、とらない人もいる、という事実があることを表すものだろう（どちらの態度をとるかは、各人それぞれの経験や状況に左右されたり制約されたりする）。脳死者からの臓器移植を推進する立場は典型的に、精神機能を失った身体は単なる生物機械ないし肉の塊となる、と考えてきた。精神を司る脳が死んだ以上、もはや魂はない——「魂への態度」に値しない——ので、その身体は他者のために利用してもよい、ということである。臓器摘出を肯定するこの論理は、身体と魂を分離する点で、デカルト主義的思考だと見なされてきた[14]。ところが脳死した家族からの臓器摘出を選んだ人の中には、臓器にも「魂」が宿っているという——デカルト的とは言いがたい——考え・感情を、選択の支えにしている人も含まれている。たとえば娘の臓器を提供する決意をした家族が次のような手記を残している。「七人の方に臓器が提供できると聞き、娘という宝石箱から七つの宝石が散っていき、七人の方がたの中で輝き生きていく、それでいい、と思いました」、「娘が亡くなって一年経ったとき、肺移植をした方のレントゲンを見せてもらいました。「娘は生きている」と強く感じました。私達は、淋しくありません」[15]。この家族は、娘の臓器に「魂への態度」を向けることで、自分たちを慰撫し励ましている。このように、魂に対する態度は、あるときは臓器移植を拒ませ、またあるときは逆に臓器移植を選んだ後に、その選択に意味を見出させるものとなっている。このような事実は、脳死臓器移植肯定のための公式見解を不安定なものにさせるものである。この態度がどのような形で、脳死臓器移植に関わっているかについては、移植にまつわる諸問題を社会でさらに論議するためにも、もっと検討する必要があるように思われる[16]。人体に対するアニミズム的態度は、このような点からも無視することはできない。

③　環境倫理と「魂への態度」

　人に「魂への態度」を向けるということは、その人を道徳的に顧慮すると

いうことでもある。つまり私たちは、彼にしてよいことは何か、すべきでないことは何か、といったことを考えねばならない。同様に自然に魂を認めるなら、そのとき私たちは自然を道徳的に顧慮することになる。

　しばしば指摘されるように、西洋文明は人間以外の存在を道徳的顧慮の対象外としてきた。特に近代西洋の思想は、動植物を含めた自然全般は心とは無縁で、機械的原理によってのみ説明されるべきもの、としたのだった。だがそのような考えは20世紀以降、西洋でも批判に晒されるようになってきた。例えばP. シンガーやT. レーガンに代表される「動物の権利思想」がある。人間のみが道徳的配慮の対象となるのは、（人種差別、性差別ならぬ）「種差別」であり、快・不快を感じる動物もまた道徳的配慮を受けるべきだ、という考えである。このような考えは、動物実験廃止、菜食奨励、といった主張につながっている。さらにA. レオポルドやA. ネスといった人々に代表される環境倫理の思想もある。これは動物に留まらず、植物や土や水も含んだ自然環境全体を、道徳的配慮の対象としようという考えである。この種の立場は、自然には（人間にとっての利用価値とは異なる）自然それ自体に内在する価値がある、と主張する。これは、（人間や動物だけでなく、その他の）自然にも法的権利を認めるべきだ――つまり近代社会の成員として自然をも取り込もう――という考えにもつながる。地球人口が爆発的に増え、加えて大量生産、大量消費、大量廃棄の経済が自然環境に大きな負担を強いている中、そしてその負担が人間自身にも不利益を起こしている中、環境との関係をいかに築きなおしていくかは、切実な問題である。そしてここで触れたような、動物や自然の権利や、人間にとっての利用価値でなく環境に内在する価値、といった、新しい概念から出発して環境との関係を考えようとすることは、ひとつの有力な方向であろう。

　しかしそのような抽象的概念、及関連する原理原則、といった新しい道具立てを用いて、人間が環境とのかかわりにおいて何をすべきかを考えるほかにも、日々の糧を得て生きる、という非常に具体的な古くからの、身近な営みを手掛かりに、環境と人間の関係を考える手立てがある。伝統的アニミズムは、このことを示してくれると思うが、それについて以下、述べること

にしたい。

　動物や自然を大切にせねばならない、などと言っても、私たちは他方で、それらの動物、植物、等を傷つけることなしには、生きることはできない。それゆえ、自分たちの都合のために自然を利用しつつ、同時にその自然に対し——配慮されるべき——魂を感じてもいる、ということがアニミズムの文化では起こる。そこには自ずと、矛盾ないし葛藤が生まれる。タイラーは、未開人が動物を殺すときには動物の赦しを乞う、と書いたが、そのような習慣は、日本では供養という形で、いろいろな動植物を対象に行われるものであった。

　たとえば金子みすゞの詩に「鯨法会[17]」というものがある。鯨一頭で「七郷の賑ひ」（『日本永代蔵』）というが、彼女が育った山口県の仙崎は、江戸期から捕鯨で栄えた、そういった漁師村の一つであった。鯨があってこその村の幸福であったが、人々は同時に鯨に哀れみを感じ、殺生を生業とすることに罪も覚えていた。それゆえこの地では、殺めた鯨の魂を慰めるため、鯨の墓を立て、人間同様戒名をつけ、300年以上にわたって毎年、その菩提を弔ってきた。「鯨法会」の詩で登場する漁師は、この法要のお参りに羽織袴で急いでいるのである。寺には、鯨の位牌と過去帳が残されている。また同地には別宗派の尼寺がある。漁師たちは、鯨や魚の霊を弔うために、ここに我が娘を出家させもしていたという。別れの際の親の、また子の心情が、どんなものであったかを推し量るなら、動物供養など贖罪のポーズに過ぎないとは、単純には言えなくなろう[18]。言えることは、人々はこのような形をとってまで、自らが利用する動物たちの心を慰め、またそれによって自分たちの心をも慰めなければならなかった、ということである。アニミズムは、自然とのこのような解きがたい交情をもたらし、その深く濃い結びつきによって、人が世界と一体になる。このような関係は、鯨以外の動植物、事物との間に、様々な強さで、日本各地に存在していた。そのような抜き差しならない関係が緊密にあればあるほど、人間は自然に大きな負担をかけることはできないはずである。そういった魂に対する態度という観点から環境を知り直すことは、現代の私たちにこそ、ますます重要なことでないかと思う[19]。

Ⅳ 生命倫理の原理論

　本稿では、生命について考えてきた。私たちが捉えようとしたのは、生命科学的な物質的過程としての生命でなく、虫に触れた少年が指先に生々しく体感するような、そういう生命であった。そのような実感は、アニミズムの文化の中で、先人たちが、自然界の至る所に感じた生命でもあった。本稿では、それを「魂に対する態度」という観点で見ようとした。生物学的な生命が、私たちと対象の関係の外部に、その関係とは無関係に、客観的な物質的事象としてあるものだとすれば、私たちが関心をもつ生命は、我々が対象に対して「魂への態度」をとることで展開する諸関係の中に内在するものである。相手に「魂に対する態度」をとるということは、心あるものと共同して行われる、様々な言語ゲームを発動するということである。そのような言語ゲームの中で、我々は相手に魂を付与し、そうすることで、その関係に、情緒的、身体的にコミットする。そのような全身的なコミットメントによって、私たち自身が「生きている」という感覚も高揚する。生命感覚というのは、そのような関係の中にこそ、見出されるものだと思われる。そのような関係が築かれさえするなら、人にも、モノにも、自然にも、生命が漂うのである。人間という生命の未来を考える際、このような視点がありうるという古くからの事実は、すすんで振り返られるべきであるように思う。

〔註〕
（1）E. B. Tylor, *Primitive Culture: Researches into the Development of Mythology, Philosophy, Religion, Language, Art and Custom*, in two volumes, first published in 1871 by John Murray, reprinted by Kessinger Publishing, 2006.（邦訳 E. B. タイラー『原始文化』比屋根安定訳、誠信書房、1962 年）本書は二分冊構成になっているが、以下、断りがない限り、この著作からの引用は、vol.1 からのものである。
（2）ちなみに、霊魂の存在を信じるのがアニミズムであれば、自然界を後にして他界に行った霊魂の存在を信じるとこと——他界にいる祖先の霊を祀る祖霊信仰——もアニミズムの一種である。
（3）Cf. S. Guthrie, *Faces in the Clouds*, Oxford University Press, 1993. Guthrie は柔軟にアニミズムを捉えようとするにもかかわらず、それが認識に関するものであり、それは結局は誤謬である、という考えに着地する点で、タイラーに戻っている。

（4）石牟礼道子『椿の海の記』朝日新聞社、1976年.
（5）タイラーはヒュームの類似した考えを引用している。「人間には、全てのものが自分と同じであるかに考える傾向、そして自分らがよく通じており、よく自覚している性質を、他のあらゆる対象に転移させるという傾向が、普遍的にあるのだ」（Hume, *The Natural History of Religion*, 1757）。
（6）石牟礼道子『妣たちの国』講談社文芸文庫、2004年、222-3頁.
（7）『岩田慶治著作集3　不思議の場所』講談社、1995年、p112.
（8）L. Wittgenstein, *Philosophische Untersuchungen*, Blackwell, 1958, p.178.
（9）これらはブーバー風に「〈なんじ〉への態度」と「〈それ〉への態度」と呼んでもよいかもしれない。
（10）『岩田慶治著作集6　コスモスからの出発』講談社、1995年、217頁. この引用箇所で、「霊」とあるのは、原文では「カミ」である。アニミズムのカミというのは自然界に潜む霊であり、岩田がここで論じているのは、まさにその霊的存在のことであるから、理解されやすさを考えて、敢えて書き換えた。
（11）信原幸弘編『シリーズ心の哲学II　ロボット篇』勁草書房、2004年. 同書には、これらの動向の概説がある。
（12）Cf. Hiroshi Ishiguro, "Android Science: Toward a New Cross-interdisciplinary Framework", *Proceedings of CogSci 2005 Workshop: Toward Social Mechanisms of Android Science*, 2005, pp.1-6.
（13）参考：中村暁美『長期脳死――娘、有里と生きた一年九ヶ月』岩波書店、2009年.
（14）梅原猛「脳死・ソクラテスの徒は反対する」（梅原猛編『「脳死」と臓器移植』朝日新聞社、1992年、所収、207-36頁）.
（15）「think transplant vol.3　臓器提供ご家族の手記」2006年（（社）日本臓器移植ネットワーク発行の冊子）より。
（16）参考：出口顯『臓器は「商品」か』講談社現代新書、2001年. 出口顯「臓器移植・贈与理論・自己自身にとって他者化する自己」、『民族学研究』66号、2002年、439-57頁.
（17）「鯨法會は春のくれ、海に飛魚採れるころ。／濱のお寺で鳴る鐘が、ゆれて水面をわたるとき、／村の漁夫が羽織着て、濱のお寺へいそぐとき、／沖で鯨の子がひとり、その鳴る鐘をききながら、／死んだ父さま、母さまを、こひし、こひしと泣いてます。／海のおもてを、鐘の音は、海のどこまで、ひびくやら。」
（18）すべての供養「儀式」に感心するわけではないにせよ。
（19）Cf. 岡田真美子「不殺生の教えと現代の環境問題」、中村生雄・三浦佑之編『人と動物の日本史4　信仰のなかの動物たち』吉川弘文堂、2009年、所収、188-204頁.

あとがき

　緒言にもあるように、本書は大阪大学最先端ときめき研究推進事業「バイオサイエンスの時代における人間の未来」の成果報告として刊行される年次報告書である。様々な情勢が厳しいおり、来年以降も事業が継続し、予定通りに続刊（身体／テクノロジー、およびジェンダー／環境論）が出版可能であるかは今の段階では何もいえない。大学のこの種の企画にもさまざまな評価があることは了解している。だが学際的で、さらには国際的な拡がりをもったこの企画を、今後とも継続できればと願うばかりである。

　本研究の概要およびこれまでの活動は、ホームページ http://tokimeki.hus.osaka-u.ac.jp/ をご覧頂きたい。またセミナーについては随時ツイッターの @tokimeki_bios で配信をおこなっている。ご参照いただければ幸いである。

　これまで本活動を具体的に支えていただいた研究組織の外部の方々、小泉義之、米虫正巳、パトリス・マニグリエ、藤田尚志、エドゥアルド・ヴィヴェイロス・デ・カストロ、キャスパー・ブルーン・イェンセン、春日直樹、箭内匡、モハーチ・ゲルゲイ、金森修、小松美彦、堀口佐知子、西真如、郡司ペギオ幸夫、茂木健一郎、塩谷賢、エリー・デューリング、ロベルト・エスポジト、フィデリコ・ルイゼッティ、久保明教、渋谷亮、近藤和敬、アルノー・フランソワ、米本昌平、中村桂子、上野修、合田正人、森元斎、ベルンハルト・ハドルト、マウリツィオ・ラッツァラート、アンジェラ・メリトプロス、ステファン・ナドー、中村大介、ジャン＝ミシェル・サランスキ、クリスチャン・インデーミューレ（今年度予定、出口顯、フレデリック・ケック）の諸氏・諸先生に感謝いたします（お名前はセミナーをおこなわれた順）。またセミナーや日常的な活動をさまざまにサポートしてくれた学生・院生の皆さんにも感謝いたします。そして、このようなかたちで成果を書物にしていただいた大阪大学出版会に感謝の念を捧げます。

2012年1月　　　　　　　　　　　　　　　　　　　　　　（檜垣立哉）

執筆者紹介

檜垣　立哉（ひがき　たつや）
1964 年生。大阪大学人間科学研究科教授
『賭博／偶然の哲学』（河出書房新社）、『瞬間と永遠』（岩波書店）、『ヴィータ・テクニカ──生命と技術の哲学』（青土社）他。

加藤　尚武（かとう　ひさたけ）
1937 年生。京都大学名誉教授
『災害論』（世界思想社）、『現代倫理学入門』（講談社学術文庫）、『ヘーゲル哲学の形成と原理』（未来社）他。

中村　桂子（なかむら　けいこ）
1936 年生。ＪＴ生命誌研究館館長
『自己創出する生命』（ちくま学芸文庫）、『「生きている」を見つめる医療』（講談社現代新書）、『生きもの上陸大作戦』（ＰＨＰサイエンス・ワールド新書）他。

米本　昌平（よねもと　しょうへい）
1946 年生。東京大学先端科学技術研究センター・特任教授
『バイオポリテイクス──人体を管理するとはどういうことか』（中公新書）、『時間と生命──ポスト反生気論の時代における生物的自然について』（書籍工房早山）、『地球変動のポリティクス』（弘文堂）他。

金森　修（かなもり　おさむ）
1954 年生。東京大学大学院教育学研究科教授
『科学的思考の考古学』（人文書院）、『〈生政治〉の哲学』（ミネルヴァ書房）、編著『科学思想史』（勁草書房）他。

権藤　恭之（ごんどう　やすゆき）
1965 年生。大阪大学人間科学研究科准教授
『高齢者心理学』（朝倉書店）、Gondo, et., al. Functional status of centenarians in Tokyo, Japan: developing better phenotypes of exceptional longevity. *J Gerontol A Biol Sci Med Sci,* 61(3), 305-310, 2006 他。

重田　謙（しげた　けん）
1967 年生。大阪大学文学研究科招へい研究員
「独在的な使用と経験的な使用」（『待兼山論叢』2007 年）、「指標詞「私」の還元不可能性」（『大阪大学大学院文学研究科紀要』2010 年）、"Skepticism of Knowledge — Conflict between Wittgenstein and Descartes — ", *Philosophia OSAKA*, 2009 他。

入谷　秀一（にゅうや　しゅういち）
1975 年生。大阪大学大学院文学研究科助教
『ハイデガー——ポスト形而上学の時代の時間論』（大阪大学出版会）、『グローバル・エシックス』（共著　ミネルヴァ書房）、『新しい時代をひらく——教養と社会』（共著　角川学芸出版）他。

平田　雅之（ひらた　まさゆき）
1962 年生。大阪大学医学系研究科特任准教授
Determination of language dominance with synthetic aperture magnetometry: comparison with the Wada test. *NeuroImage* 23(1): 46-53, 2004. Effects of the emotional connotations in words on the frontal areas – a spatially filtered MEG study. *NeuroImage* 35(3): 420-429, 2007. Language dominance and mapping based on neuromagnetic oscillatory changes: comparison with invasive procedures, *J Neurosurg*, 112(3): 528-538, 2010 他。

丸田　健（まるた　けん）
1967 年生。大阪大学人間科学研究科講師
「レトリックの存在理由——ヴィトゲンシュタインと比喩の諸相」（菅野盾樹編『レトリック論を学ぶ人のために』世界思想社）、「後期ウィトゲンシュタイン」（飯田隆編『哲学の歴史　第 11 巻　数理・数学・言語』中央公論新社）、「言語ゲーム」（井上俊・伊藤公雄編『社会学ベーシックス　第 1 巻　自己・他者・関係』世界思想社）他。

生命と倫理の原理論
――バイオサイエンスの時代における人間の未来――

2012年3月30日　初版第1刷発行　　　　　　　［検印廃止］

　　　編　者　檜垣立哉

　　　発行所　大阪大学出版会
　　　代表者　三成賢次
　　　〒565-0871　吹田市山田丘2-7
　　　　　　　　　大阪大学ウエストフロント
　　　電話(代表) 06-6877-1614
　　　FAX　　　 06-6877-1617
　　　URL　　　 http://www.osaka-up.or.jp

　　　印刷・製本所　株式会社 遊文舎

ⓒTatsuya HIGAKI et al. 2012　　　　　　Printed in Japan
ISBN978-4-87259-348-8 C3010

Ⓡ〈日本複写権センター委託出版物〉
本書を無断で複写複製（コピー）することは、著作権法上の例外を除き、禁じられています。本書をコピーされる場合は、事前に日本複写権センター（JRRC）の承諾を受けてください。
　JRRC〈http://www.jrrc.or.jp　eメール：info@jrrc.or.jp　電話：03-3401-2382〉